"아, 이런 말이구나!"
문해력의 기쁨

"아, 이런 말이구나!" 문해력의 기쁨

김명교 지음

✳✳✳

**15년 차 교육 기자가 발견한
문해력 호기심을 깨우는 결정적인 한 방**

언더라인

많은 학부모님이 아이의 문해력에 대한 고민이 큽니다. 문해력은 학습은 물론 교우관계와 자존감까지, 모든 영역의 씨앗이 되기 때문이죠. 아이들 역시 뜻을 이해하지 못해 생기는 여러 가지 문제로 답답함을 느낄 것입니다. 이런 이유로 문해력을 높이기 위해 영어 단어를 외우듯 우리말을 외고, 과목별 문해력 공부를 별도로 합니다. 물론 이런 문해력 공부도 매우 중요합니다. 그러나 문해력 공부에 앞서 가장 먼저 해야 할 것은 문해력 호기심 깨우기입니다. 뜻을 알았을 때 희열이나 재미를 느낀다면 누군가 시키지 않아도 스스로 책을 읽으면서 배움을 이어갈 것이니까요. 교육 기자이자 학부모인 저자는 아이가 즐겁게 문해력 씨앗을 키워나가는 방법을 구체적으로 제시합니다.

— **방종임**, 〈교육대기자TV〉 운영자·《자녀교육 절대공식》 저자

학교 현장에 근무하는 저는 초등학생 때부터 문해력 격차가 심한 것을 실감하고 있습니다. 우리 아이들이 어릴 때부터 문해력을 키워 세상을 행복하게 살아갈 기초 능력을 장착하도록 도와주어야 합니다. 15년 동안 기자로 활동한 작가는 문해력 호기심을 깨우는 가장 중요한 방법으로 '세 가지 태도'에 주목했습니다. 이 책은 여러분 자녀의 문해력 향상을 위해 읽는 태도, 이해하는 태도, 표현하는 태도를 생활 속에서 쉽고 재미있게 기를 수 있도록 최고의 길잡이가 되어 줄 것입니다.

— 엄명자, 《초등 엄마 거리두기 법칙》 저자 · 청도중앙초 교장

몇 년 전부터 문해력이 큰 화두로 떠올랐습니다. 저 역시 중·고등학교에서 학생들에게 국어를 가르치는 국어 교사로서 문해력의 중요성을 직접 체감하고 있습니다. 이 책의 저자는 15년간 수많은 초·중·고 교사들을 만나고 있는 교육 기자로, 현장에서 느끼는 '지금 우리 아이들의 문해력 문제'를 직접 느끼고 이를 기자 특유의 세심함으로 책에 담아냈습니다. 문해력을 키우기 위해 가져야 할 세 가지 태도를 이 책을 통해 찾으시길 바랍니다.

— 배혜림, 《교과서는 사교육보다 강하다》 저자 · 중등 국어 교사

문해력이 중요하다는 것은 누구나 다 공감하는 사실이에요. 문제 제기에는 누구나 공감하지만, 실천하기 위해서는 노하우가 필요해요. '어떻게 문해력을 키워줄 수 있을까?' 15년간 글을 읽고 쓰는 일을 업으로 삼은 기자의 깊이 있는 노하우를 이 책을 읽으면서 독자님의 것으로 만들어 보세요. 아이의 문해력이 한층 업그레이드될 거예요.

— **이진혁**, 《초등 집공부의 힘》 저자 · 초등 교사

많은 학부모님이 문해력 격차에 따른 학습 격차를 걱정합니다. 그러나 그보다 더 무서운 것은 평생에 걸쳐 벌어지는 차이입니다. 세상은 '말하기와 글쓰기'라는 무기를 가진 이에게 더 많은 기회를 제공합니다. 이들은 변화의 흐름을 읽어내고 이해하며, 자신만의 언어로 표현함으로써 점점 더 성장해 나가기 때문입니다. 저는 20여 년간 교직에 있으면서 문해력이 학생들의 장기적인 성공과 성장에 중요한 역할을 하는 것을 지켜보았습니다. 우리 아이들이 15년 차 교육 기자가 전하는 문해력 향상을 위한 다양한 전략과 방법을 통해 세상의 흐름을 읽어내고 멀리 내다보는 눈을 가질 수 있기를 진심으로 희망합니다.

— **김선**, 《공부 자존감은 초3에 완성된다》 저자 · 초등 교사

문해력이 주는 기쁨

책에 욕심이 많습니다. 많으면 많을수록 좋은 것 중 하나가 책이라고 생각하거든요. 원하는 만큼 가질 수 있다면 작은 책방을 열 수 있을 정도는 갖고 싶어요. 다 읽지 못해도 괜찮아요. 사람과 사람이 맺어지는 데 '인연'이 필요한 것처럼 책과 사람이 이어지는 데도 딱 맞아떨어지는 순간이 있기 마련이거든요. 이렇게 이어진 책은 그 사람의 일상에 영향을 미치고 어느 순간, 삶의 태도를 변화시키기도 합니다. 언제, 어떤 책이 필요할지 모르니 책은 많으면 많을수록 좋아요. 당장은 욕심만큼 가질 수 없으니, 책을 좋아하는 마음만은 늘 가득 채우고 삽니다.

지치거나 고민이 있을 때는 서점에 가요. 광화문에 있는 직장에 다닐 때는 걸어서 5분이 채 안 걸리는 거리에 서점이 있어서 좋았어요. 숨 쉴 틈이 돼줬습니다. 그곳 특유의 냄새, 가득 쌓인 책, 책을 읽는 사람들…. 머물다 보면 마음이 차분해졌어요. 그리고 나서는 '나를 위한 책'을 찾아 나섰습니다. '말 안 해도 네 마음 다 알아.' 유난히 힘든 날. 신기하게도 이런 말을 속삭이는 책을 만나곤 했어요.

'왜 책을 좋아할까?'

'언제부터 책을 좋아했지?'

'왜 나는 책에 기대 살고 있는 걸까?'

스스로 질문하자 어떤 장면들이 떠올랐습니다. 초등학교 때 침대에 누워 책을 읽다가 잠이 들었고 베개 옆에 쌓아뒀던 책이 무너져 울면서 일어났는데, 그 모습에 웃음이 터진 부모님. 서점에서 산 책이 무거워서 몇 권 빼자는 아빠의 말에, 어떻게든 들고 가겠다고 낑낑댔던 일. 중학교 때 시험만 끝나면 동네 책 대여점으로 달려가 만화책을 한아름 빌려왔던 일…. 책에 대한 좋은 기억, 책을 마음껏 읽었던 경험은 한 아이를 '읽는 기쁨'을 아는 어른으로 자라게 했다는 걸 알아챘습니다.

본격적으로 학습해야 하는 시기가 다가오면 부모의 고민은 깊어집니다. 체력과 감성을 길러주는 데 초점을 맞췄던 아이의 시간표를 학습 중심으로 바꿔야 하는 게 아닌가, 고민하는 거예요. '어린이의 시간'을 '학생의 시간'으로 재편할 방법을 고심합니다. 태권도, 피아노, 미술 중에 어떤 걸 빼고 국어, 영어, 수학 중에 어떤 과목부터 학원에 보내야 할지를요. 이 과정에서 아이의 일과에 우선순위를 매기는데요. 상대적으로 더 중요하다고 생각하는 것을 우선해 시간을 할애하고 덜 중요한 것들을 뒤로 미룹니다. 이때 제일 먼저 뒤로 밀리는 것이 '책 읽기'더군요.

한편에서는 요즘 아이들의 문해력이 부족하다고 지적합니다. 소통이 어렵고 교과서도 이해하지 못한다면서요. 공부하는 만큼 성적이 안 나오고 학습 격차가 벌어지는 원인이 문해력에 있다고 말이죠. 문해력은 읽고 이해하는 능력입니다. 말하기와 달리 읽기 능력은 후천적으로 발달해요. 아이가 자라면서 말이 트이는 것과 달리 노력해야 키울 수 있는 능력입니다. 속성으로 배울 수도 없어요. 읽기 능력을 키우려면 읽어야 합니다. (아이들이 원하는 만큼) 충분히, 꾸준하게 읽어야 해요. 문해력이 발달하고 단단해지려면 '기다림의 시간'이 필요한데, 우리는 그 시간을 허락하지 않는 듯합니다. 그러는 사이 아이들은 책과 멀어지고, 문해력을 키울 기회를 놓치고 마는 거예요.

학습에 집중해야 해서 책 읽기를 뒤로 미뤘는데, 문해력이 부족해서 되레 학습에 어려움을 겪는다니. 이보다 안타까울 수가 있을까요?

앞으로 우리 아이들은 수많은 텍스트와 함께 살아가야 해요. 아니 이미 텍스트에 둘러싸여 살고 있습니다. 읽지 않고는 교과서를 이해할 수도, 상대방의 의도를 파악할 수도, 자기 의사를 전달할 수도, 사회 변화의 흐름을 따라갈 수도 없어요. 이제 문해력을 단순히 읽고 이해하는 능력으로 한정해서는 안 됩니다.

문해력은 '세상을 보는 태도'입니다. 나를 둘러싼 주변에 관심을 두고, 읽고 이해하는 과정을 통해 합리적으로 판단하고, 자기 생각을 말과 글로 표현할 줄 아는, 미래 사회가 요구하는 인재가 갖춰야 할 기본 역량입니다.

'아이의 미래를 위해 부모가 할 수 있는 것이 무엇일까?'
'살면서 두고두고 꺼내 쓸 수 있는 아이만의 무기를 만들어 주려면 어떻게 해야 할까?'

고민하고 있나요? 감히 말합니다. 문해력을 키워줘야 합니다.

감정은 어떤 대상을 대하는 태도에 영향을 미쳐요. 좋은 감정을 가졌느냐, 아니냐에 따라 대상에 대한 태도가 달라집니다.

문해력을 키우는 데도 감정이 중요해요. 읽고 이해하고 표현하는 행위에 대해 긍정적인 감정을 가진 사람이 그렇지 않은 사람보다 자발적이고 능동적일 가능성이 큽니다. 긍정적인 감정은 긍정적인 경험에서 비롯하죠. 아이들에게 긍정적인 경험의 기회를 만들어 줄 수 있는 사람은 부모입니다.

부모와 즐겁게 책을 읽고 좋은 감정을 쌓은 아이는 읽기를 망설이지 않아요. 읽는 재미를 아는 아이는 읽기를 멈추지 않죠. 읽을수록 궁금한 게 많아지고, 읽을수록 알아가는 기쁨에 푹 빠져요. 자기 생각이나 느낌을 표현하고 싶어 합니다. 책 한 권을 다 읽었다는 성취감도 느낄 테고요. 궁금함이 생기면 언제든 책을 찾아서 읽으면 된다고 생각해요. 이런 경험이 차곡차곡 쌓여 읽기를 대하는 아이의 태도가 만들어집니다. '읽기의 선순환'이에요. 이 긍정적인 경험이 바로 '문해력 호기심'의 핵심입니다. 문해력 호기심을 바탕으로 '읽는 태도', '이해하는 태도', '표현하는 태도'가 자랍니다. 아이와 긍정적인 경험을 쌓으면서 읽는 태도, 이해하는 태도, 표현하는 태도를 키워줄 수 있는 구체적인 방법을 차근히 소개할게요.

자녀 교육에 있어서 해야 할 것이 넘쳐나는 요즘이에요. 한글은 떼고 학교에 보내야 한다더라, 초등학교 3학년 때부터는 본격적으로 학습시켜야 한다더라, 수학 선행은 한 학기 이상 해야 한다더라, 영어는 초등학교 때 끝내야 한다… 이런 말을 들으면 자녀 교육은 정말 만만치 않다는 생각이 들어요. 남들은 다 한다는 걸 시키지 않으면 내 아이가 뒤처질 것 같고요. 막상 시키려고 해도 시간 여유가 없거나 경제적인 부분이 부담스럽기도 합니다. 아이 키우기 힘들다는 말이 나오는 이유 중 하나가 해야 할 것들이 점점 늘어나기 때문이라고 생각해요. 그럴수록 부모가 중심을 잡아야 합니다. 바깥으로 향했던 시선을 거두고 우리 아이를 바라봐야 해요. 자녀 교육의 본질을 제대로 들여다봐야 합니다.

이 책을 쓰면서 특히 염두에 둔 건 부모가 부담스럽지 않아야 한다는 점이었어요. 오늘도 여러 역할 사이에서 균형을 잡느라 애쓰는 우리 부모들을 위해 힘은 빼고, 꾸준히 지속하는 데 초점을 맞췄습니다. 시간과 체력이 부족한 워킹맘인 제가 크게 애쓰지 않고 실천하고 있는 것들, 직접 해보고 시행착오를 겪으면서 알게 된 것들을 담았습니다. '이 정도면 나도 할 수 있겠다.'라는 마음이 들도록요.

"아, 이런 말이구나!"

아이와 함께 책을 읽을 때였어요. 몰랐던 걸 알게 된 아이가 감탄사를 터뜨렸습니다. 그때 아이의 얼굴을 내내 잊을 수 없었어요. 궁금증을 해소한 시원함, 자기 추측이 맞았다는 뿌듯함, 드디어 알았다는 기쁨이 어려있던 표정…. 지금도 생생해요. 뒷이야기가 궁금해서 얼른 읽어달라고 재촉하는 모습에 괜히 마음이 몽글몽글해지더군요. 그동안 함께 읽고 이야기 나누었던 시간이 이 순간을 위해서였다는 걸 알았거든요. 기뻐하는 아이의 모습을 보고 덩달아 기뻤습니다. 그렇게 서로 얼굴을 마주 보고 한참을 웃었습니다.

문해력이 주는 기쁨.

저와 아이가 경험하고 있는 이 기쁨을 더 많은 부모와 아이들이 경험하길 바랍니다. 문해력의 기쁨을 찾는 여정에 길잡이가 되겠습니다.

마지막으로 나를 나로 살게 하는 가족들의 지지와 응원 덕분에 이 책을 쓸 수 있었습니다. 감사라는 단어로 마음을 전하기에는 부족하기만 합니다. 지금의 나는, 당신 덕분입니다.

— 읽고 쓰는 사람, 김명교

1부
문해력이 재능인 시대

미래 사회의 생존 역량, 문해력

글을 읽고 이해하는 능력, 문해력이 화두입니다. 문해력에 대한 관심이 요즘처럼 뜨거운 적은 없었던 것 같습니다. 인터넷 포털 사이트에서 '문해력'만 검색해봐도 알 수 있어요. 문해력을 주제로 한 기사가 하루가 멀다고 쏟아지고, 우리나라 문해력의 현주소를 보여주는 사례도 넘칩니다.

2020년에는 '사흘' 논란이 있었습니다. 공휴일인 광복절(8월 15일)이 토요일과 겹치는 바람에 돌아오는 월요일인 8월 17일이 임시공휴일로 지정됐고, 언론에서는 '연휴가 사흘로 늘었다.'고 보도했습니다. 그러자 '3일을 왜 사흘이라고 하냐.'는 항

의가 이어졌습니다. 사흘이 '세 날', 즉 3일을 의미하는 단어인지 몰랐기 때문이죠.

코로나19가 확산할 때 정부에서 발표한 '5인 이상 집합 금지' 지침을 두고도 말이 많았습니다. '이상'에 대한 해석이 분분했기 때문인데요. 누군가는 4인까지 모여도 되지만 5인부터는 안 된다, 다른 누군가는 5인까지 모일 수 있고 6인부터는 안 된다고 이해했습니다. 수량이 '이상'과 함께 제시될 때는 그 수량이 범위에 포함된다는 걸 몰라서 벌어진 해프닝이었죠.

대학가에서도 비슷한 일이 벌어졌습니다. '금일'을 금요일로 착각해 과제를 제때 제출하지 못한 대학생이 교수에게 항의하고, 코로나19에 확진된 대학생들이 공결 신청 사유로 '병역'이라고 기재한 일화도 있었습니다.

평소에 늘 사용하는 일상어가 아니라서 뜻을 모를 수도 있지 않으냐, 생각할 수도 있습니다. 한두 사람의 사례를 특정 집단 전체의 문제로 확대해석하는 것은 문제가 있다고 지적할지도 모릅니다. 하지만 단순한 해프닝으로 웃어넘기기에는 잃는 게 많습니다. 사흘을 4일로 오해한 직장인은 3일의 연휴가 끝나고도 출근하지 않아 무단결근했다고 오해받을 겁니다. 과제 제출 기한을 지키지 못한 대학생은 아무리 시험을 잘 봐도 좋은 성적을 기대하기 어렵겠지요. 한 번 잃어버린 신뢰와 학점은 되돌릴 수 없습니다. 그동안 회사 생활, 대학 생활을 열심히 해왔던 사람이라면 더 억울할 거예요. 고작 한 번의 실수라고 하기에는 뒤따라오는 일들을 감당하는 게 버거울지도 모릅니다.

디지털 시대, 문해력의 의미

일상을 가만히 들여다보면, 단어와 문장, 문단이 모여 이뤄진 '글'을 읽고 쓰는 일로 채워져 있다는 걸 알 수 있습니다. 가까운 사람들과 주고받는 문자 메시지, 업무 처리를 위한 이메일, 온라인 커뮤니티의 게시글과 댓글, 인터넷 뉴스, SNS 피드 등 어느 것 하나 글이 아닌 게 없습니다. 영상을 기반으로 한 유튜브도 다르지 않습니다. 콘텐츠 제작자가 전달하고 싶은 어떤 메시지를 글이 아닌 영상으로 담아냈을 뿐입니다. 내용을 구성해 대본을 쓰고, 섬네일에 핵심 내용을 담고, 시청자들의 이해를 돕기 위해 자막을 고민하는 과정을 통해서요. 읽고 쓰는 행위 그 자체입니다. 영상 정보도 내 것으로 만들려면 보는 것만으로는 부족해요. 그 안에 담긴 의미와 맥락을 읽어내야 합니다.

우리는 디지털 세상에 살고 있습니다. 책을 들추거나 전문가를 만나지 않고도 클릭 한 번으로 필요한 정보와 지식을 얼마든지, 원하는 만큼 얻을 수 있어요. 문제는 정보의 신뢰도를 판별하지 못하고 사실과 의견을 구분하지 못하는 데 있습니다. 검증된 자료인지, 출처가 분명한 정보인지, 사실에 근거한 뉴스인지 따져보지 않는 것이죠. 불순물을 걸러내지 않은 정보는 오해를 부릅니다. 합리적인 판단을 방해합니다. 사람들과의 소통을 가로막기도 합니다. 누군가가 떠서 먹여주는 음식이 먹기 편하고 맛있다는 이유로 음식의 재료가 무엇인지, 어떻게 만들었는지를 궁금해하지 않고 꿀꺽 삼키다가 배탈이 나는 것과 같습니다. 건강을 생각한다면 재료의 원산지와 재배 방법, 요리사가 누군지, 실력이 검증된 사람인지, 어떤 조리법으로 음식을 만드는지를 살펴야 합니다.

이제 주목해야 할 것은 '글을 읽고 이해하는 능력'이라는 좁은 의미의 문해력이 아닙니다. 글을 읽고 의미를 이해하고, 그 내용을 바탕으로 다른 사람과 소통하고 문제를 해결하는 영역까지 포함해야 한다고 전문가들은 말합니다. 조병영 한양대 국어교육과 교수는 《읽는 인간, 리터러시를 경험하라》에서 "수많은 텍스트와 함께 살아가야 하는 시대에 우리는 좀 더 정밀하게 읽는 인간, 합리적으로 판단하고 포용적으로 소통하는 주체가 될 필요가 있다."고 강조합니다.

실제로 세계경제포럼(WEF·다보스포럼이라고도 불림)은 교육의 새로운 비전을 선포하면서 21세기 인재가 갖춰야 할 핵심 능력을 크게 문해력·역량·인성 등 세 그룹으로 나누고 16가지 세부 내용을 제시했는데요. 그중 문해력을 가장 기본적으로 갖춰야 할 기초소양의 하나로 꼽았습니다. 흘러넘치는 정보와 데이터 사이에서 신뢰할 수 있는 내용을 선별해 받아들이고 조합하고 활용할 줄 아는 능력이 더욱 중요해진 것이죠.

세상이 변화하는 속도가 빨라질수록, 변화 양상이 다양해질수록 우리는 더 높은 수준의 문해력을 요구받게 될 겁니다. 문해력을 갖춘 사람과 그렇지 못한 사람의 문해력 격차는 갈수록 커질 수밖에 없다는 이야기입니다. 경제협력개발기구^{OECD}에서는 국제성인역량조사^{PIAAC} 데이터를 분석해 문해력과 임금의 관계를 조사했는데요. 보고서에 따르면, 같은 교육 수준이라도 문해력 수준에 따라 직장인의 임금 차이가 2~2.5배까지 나는 것으로 나타났습니다. 문해력 격차가 임금 격차를 불러온 셈입니다. 한국도 예외는 아니었습니다.

미래의 내 아이에게 꼭 필요한 것

문해력 격차는 교육 현장에서 먼저 감지됐습니다. 2020년 4월, 교육부는 처음으로 온라인 개학을 시행했습니다. 코로나19 확산을 막기 위해 대면 수업 대신 온라인으로 원격 수업을 진행하기로 한 겁니다. 학생, 학부모는 물론 교사조차 한 번도 경험하지 못한 상황을 마주한 것이죠. 한바탕 소동이 벌어졌습니다. 온라인 수업을 처음 접하는 초등 저학년 학생들은 부모의 도움 없이는 출석 확인조차 버거워했어요. 온라인 강의를 수강해본 초등 고학년과 중·고등학생도 사정은 마찬가지였죠. 학교 수업을 보충하기 위해 온라인 강의를 수강하는 것과 모든 수업을 온라인으로 접하는 것은 다른 문제였거든요. 수업에 집중하지 못하는 학생이 속출했습니다. 진도를 따라가지 못해 수업 자체를 포기해버리는 학생도 있었습니다. 학습에 대한 흥미와 자신감을 잃은 학생도 적지 않았습니다. 코로나19가 장기화하면서 우려하던 부분은 결국 현실이 됐어요. 몇 년 만에 기초학력 저하, 학력 격차 문제가 사회적 이슈로 떠올랐습니다.

모두가 우왕좌왕하던 순간, 흔들림 없이 수업을 따라간 학생들도 있었습니다. 평소 자기주도학습 능력을 키워온 학생들이죠. 자기주도학습은 말 그대로 학생이 공부의 주도권을 가지는 학습 방법입니다. 공부 목표를 정하고 환경을 만들고 자신에게 가장 효과적인 방법으로 실행한 후 평가하는 과정을 스스로 해내는 겁니다. 교과서를 읽고 수업을 이해하고 배운 내용을 자신만의 방식으로 정리한 후 부족한 부분을 보충하려면 공부의 기초 체력이 튼튼해야 합니다. 문해력이 필요합니다.

자기주도학습의 권위자인 송인섭 숙명여대 명예교수도《혼공의 힘》에서 시간이나 분량보다 공부한 내용의 '이해'를 강조합니다.

코로나19를 기점으로 문해력 격차가 두드러져 보인 건 사실입니다. 하지만 객관적인 지표를 살펴보면, 문해력 저하 문제는 몇 년 전부터 예견됐습니다. 우리나라 학생들의 문해력이 그동안 얼마나 하락했는지는 국제 학업성취도 평가(*OECD가 만 15세 학생들을 대상으로 읽기, 수학, 과학 등 세 영역을 평가) 결과에서 확인할 수 있습니다.

한국교육과정평가원이 2022년 발간한 경제협력개발기구OECD 국제 학업성취도 평가PISA 연구 보고서에 따르면, 우리나라 학생들의 2018년 읽기 영역 학업성취도가 2009년과 비교해 크게 떨어진 것으로 조사됐습니다. '적당한 길이의 텍스트에서 주요 아이디어를 파악할 수 없고 기본적인 추론을 통한 의미 해석도 어려운' 최하위 수준 학생의 비율도 2009년 5.8%에서 2018년 15.1%로 3배 가까이 늘었습니다.

문해력의 중요성은 충분히 알지만, 이에 대한 담론과 관심이 과도하다고 지적하는 분들도 있습니다. 문해력을 키워야 높은 성적을 받고 명문대에 입학할 수 있다는 식의 접근이 불편할 수 있습니다. 당장 뭔가를 해야 할 것 같은 불안감에 사로잡

힐지도요. 문해력 학원이나 학습지, 교재를 알아보면서 옆집 아이를 힐긋거릴지도 모릅니다. 조급해하지 않아도 됩니다. 노력하는 만큼, 차곡차곡 쌓은 만큼 단단해지는 능력이 문해력이기 때문입니다. 늦은 시기도 없습니다. 지금 시작하는 것이 가장 빠릅니다. 무엇보다 반가운 건 꼼수가 통하지 않는다는 사실입니다.

곰곰이 생각해보세요. 내 아이가 좋은 성적으로 대학 입시에 성공하길 바라는 마음은 결국, 부모 품을 떠나 사회로 나갔을 때 행복하고 안정적인 삶을 살기 바라는 마음과 닿아있습니다. 미래 사회를 살아갈 우리 아이들에게 필요한 것은 당장 성적을 올려줄 학원이 아닙니다. 세상을 보는 눈, 문해력을 키워주는 것이 먼저입니다.

뜻을 몰라 곤란한 건
아이도 어른도 마찬가지다

"분명히 읽었는데, 왜 이렇게 기억이 안 나는지 모르겠어요.
○○ 엄마는 안 그래요?"

놀이터에서 아이 친구의 엄마들을 만났습니다. 난처한 표정을
짓는 한 엄마의 물음에 다들 고개를 끄덕이고 있었습니다. 사
건(?)의 발단은 이랬습니다. 어린이집에서 보낸 가정통신문을
읽었는데, 놓친 부분이 있었다는 겁니다. 정해진 기한까지 체험
활동 비용을 입금하지 못해 결국, '독촉 알림'을 받았다면서요.
어린이집에서 보낸 가정통신문에는 코로나19 감염 위험이 줄

어드는 추세라서 그동안 하지 못했던 외부 체험활동을 계획 중이라는 내용과 함께 체험활동 소개, 일정, 학부모 부담 비용, 입금 기한까지 담겨 있었습니다. 민망한 얼굴의 친구 엄마는 모바일 뱅킹으로 급하게 비용을 이체하면서 말을 이었습니다.

> "가정통신문을 종이로 나눠줄 때가 더 나았어요. 알림장 애플리케이션(이하 앱으로 표기함)으로 가정통신문이나 공지를 읽다 보면, 중요한 내용을 놓치는 경우가 생기더라고요. 하루에 여러 건이 올라오는 날에는 일하느라 바빠서 아예 보지 못할 때도 있고요. 다행인 건, 아이가 좀 컸다고 선생님의 말씀을 집에 와서 전할 줄 안다는 거예요. '엄마, 내일 준비물을 챙겨주세요!' 하면서요."

남의 일이 아니었습니다. 알림장 앱을 제때 확인하지 못해 준비물을 못 챙긴 적도, 정해진 기한까지 제출해야 할 서류를 못내 담임 선생님의 연락을 받은 엄마가 바로 저였으니까요. 부모의 불찰은 아이의 하루에 영향을 미쳤습니다. 그런 날이면 아이는 집으로 돌아와 속상한 마음을 털어놓곤 했습니다. 진심으로 아이에게 사과했고 아이도 괜찮다고 말했지만, 미안함은 쉽게 가시질 않았습니다.

교육기관에서는 코로나19 팬데믹을 기점으로 가정통신문 전송 방식을 바꿨습니다. 종이에서 디지털로 옮겨간 것입니다. 혹시 모를 감염 경로를 차단하고, 행정업무를 간소화하는 차원에서 알림장 앱을 활용하기 시작했습니다. 종이 가정통신문을 잃어버려 난감했던 걸 생각하면 무척 편리하고 실용적인 방법이었죠.

문제는 다른 데 있었습니다. 정확하게 읽고 알아둬야 하는 내용까지도 인터넷 뉴스나 SNS를 볼 때처럼 대충, 빠르게 읽어 넘기는 경우가 많아진 겁니다. 글의 길이가 조금만 길어도 읽기 부담스러워하고, 단어를 오인해 의사소통에 어려움을 겪기도 했죠. 학교에서 보낸 가정통신문이나 공지를 제대로 이해하지 못해 일어난 해프닝은 학부모 문해력 부족 논란으로 번졌습니다.

일상에서 자주 보이는 소통의 문제

실제 학교의 모습은 어떤지 궁금했습니다. 한 초등학교 교사는 "글로 소통하는 게 어렵기는 하다."고 대답했습니다. 알림장 앱에 올리는 가정통신문은 가능한 한 구어체로 쓰고, 쉬운 단어를 선택하려고 노력하는데도 의미 전달이 제대로 안 되는 경우가 잦다면서요. 특히 글의 길이가 두세 단락 이상으로 길어지면, 앞의 단락은 읽지 않고 마지막 단락만 읽은 후 댓글로 질문하거나 학교로 전화를 하는 사례도 있다고 했습니다.

> "글을 끝까지 읽으면 충분히 이해할 수 있는데도 그러지 않는 것 같아요. 궁금한 부분이 생기면 내용을 찬찬히 살피기보다 전화부터 하는 거죠."

어른의 문해력 저하 논란은 성인의 교육 수준이나 지식수준이 낮아서 불거진 게 아닙니다. 글을 정확하게 읽고 이해하는 것에 소홀해진 탓입니다. 읽는 행위를 귀찮고 번거롭게 여기기 때문입니다. 단어의 뜻을 모른다기보다 단순 실수나 오독이 의사소통을 방해하고 있는 것이죠. 성인이 읽기에 얼마나 소홀한지는 독서 실태 조사를 통해서도 알 수 있습니다. 2021년 문화체육관광부가 실시한 국민 독서 실태 조사 결과, 가장 읽지 않는 세대가 성인이었거든요.

한편에서는 문해력이 떨어진다고 지적할 게 아니라, 사회 변화에 발맞춰 어려운 어휘나 한자어 대신 쉬운 단어를 사용하고, 행정 편의적인 문서 양식을 바꿔야 한다는 목소리도 나옵니다. 굳이 글을 어렵게 쓸 필요가 있느냐는 겁니다. 물론 개선은 필요합니다. 시대가 변하면 우리가 사용하는 말과 글도 변화하니까요. 읽는 환경 또한 앞으로 급변할 테고요. 하지만 하루아침에 모든 것을 바꾸기는 어렵습니다. 지금, 이 순간에도 아무 문제 없이 잘 읽고 쓰는 사람이 분명 존재합니다.

읽는 태도의 힘

우리는 왜 문해력에 주목하는 걸까요? 왜 문해력 저하 현상을 문제라고 인식하는 걸까요? 왜 문해력을 키우는 방법에 이렇듯 큰 관심을 두는 걸까요? 살아가는 데 꼭 필요하다고 판단했기 때문입니다. 《읽었다는 착각》에서도 이렇게 설명합니다. '문제'라는 말은 매우 중요하다는 의미를 내포하고 있다고요. 그만큼 우리에게 가치 있는 것이 분명하다고 말이죠.

스마트 기기로 소통하고 영상과 단문을 선호하는 디지털 시대에서 살아남으려면 더욱이 제대로 읽을 줄 알아야 합니다. 영상과 단문 너머에 어떤 의미가 내포돼 있는지, 어떤 맥락으로 쓰이는지 파악하는 능력을 키워야 휘둘리지 않습니다. 주체적으로 생각하고 판단하는 힘은 정확하게 읽는 능력을 바탕으로 길러집니다.

정확하게 읽으려면 어떻게 해야 할까요? 읽는 방법, 읽기의 기술을 익히는 것도 중요하지만, 그보다 우선해야 할 것은 '의지'입니다. 새해 목표를 건강한 몸만들기로 정하고 일주일에 세 번 운동하겠다고 마음먹었다면, 귀찮고 번거롭더라도 반드시 운동하겠다는 강한 의지가 필요한 것처럼요. 문해력을 키우기로 결심했다면, 제대로 읽겠다는 의지부터 단단히 다져야 합니다. 글을 있는 그대로 대하세요. 짧은 문장 하나도 허투루 넘기지 않아야 합니다. 전달하는 의미를 정확하게 이해하겠다는 마음가짐으로요. 읽고 싶은 대로 읽어선 안 됩니다. 자의적으로 해석하다 보면 오해와 왜곡의 함정에 빠집니다.

문해력은 '읽는 태도'에서 비롯합니다. 어떤 문해 환경에서도 능동적인 읽기를 통해 필요한 지식과 정보를 구하고 활용하겠다는 태도부터 장착해야 합니다. 특히 변화하는 세상의 속도에 맞춰 알아야 할 것들이 늘어가는 상황에서 무엇보다 중요한건 글을 대하는 태도입니다. 이는 비단 아이들에게만 해당하는 것은 아닙니다. 제대로 읽는 능력의 쓸모에 대해 우리 어른들부터 인지한 후에야 아이들의 문해력도 키워줄 수 있다는 것을 기억해야 합니다.

우리 지금,
대화하는 거 맞죠?

"이 말을 모른단 말이야?"

　한창 유행하던 인터넷 신조어를 앞에 두고 난감한 표정을 짓자 남편이 놀리듯 말했습니다. TV 예능 프로그램을 보다가 꽤 여러 번, 자주 이런 놀림을 받았던 터라 어떤 단어였는지 정확하게 기억나지는 않지만, 기분이 썩 유쾌하지 않았다는 건 기억납니다. SNS를 하지 않아서 그렇다고 둘러대면서 재빨리 인터넷으로 단어의 뜻을 검색했습니다. 맞춤법이 틀리고 맞고를 떠나서 요즘 세대가 즐겨 쓰는 단어를 모르면 소통이 어렵겠다고 생각하면서요.

세대를 구분 짓는 언어

세대 간 언어 격차가 점점 뚜렷해지는 모양새입니다. 젊은 세대는 우리말의 맞춤법이 어렵다고 하소연하고, 기성세대는 하루가 멀다고 쏟아져 나오는 신조어를 두고 도대체 무슨 말인지 모르겠다고 고개를 젓습니다. 언어의 기본적인 기능인 의사소통조차 어려워져서 세대 간 벽이 생겼다는 말까지 나옵니다. 세대마다 쓰는 언어가 다르기 때문이죠. 말이 통하지 않을 때 우리는 가장 직접적으로 세대 차이를 느낍니다. 언어가 세대를 구분 짓는 척도가 된 것입니다.

태어날 때부터 디지털 환경에 둘러싸여 자라서, 디지털 기기를 원어민처럼 자유자재로 다루는 세대를 디지털 네이티브 Digital Native라고 합니다. 이들에게 유행어와 신조어는 일상입니다. SNS와 온라인 커뮤니티에서 또래와 소통하려면 너무 몰라도 안 된다고 해요. 또래 문화는 언어를 중심으로 형성되니까요. 교사들도 아이들의 마음을 이해하고 소통하기 위해서 신조어를 따로 공부할 정도라고 합니다.

문제는 아이들이 신조어를 남발하고 발달 시기에 맞는 언어를 구사하지 않는다는 데 있습니다. 자신의 감정이나 기분을 표현할 때도 '와우내(놀라움을 나타내는 감탄사 Wow에서 파생된 말로,

놀라운 감정을 표현하는 신조어)', '할많하않(할 말이 많지만 하지 않겠다의 줄임말)' 같이 단순하게 말하는 데 그치는 거죠. 한 초등학교 교사는 초등학교 5학년 학생들과 뉴스에 관해 이야기하면서 '조난', '파산'이라는 단어를 사용했는데, 무슨 말이냐고 되묻더라는 에피소드를 들려줬습니다.

> "초등학교 5학년 정도면 알아야 하는 어휘인데도 몰라서 대화가 끊어지는 경우가 잦습니다. 온라인 세상에서 쓰이는 유행어나 신조어로 일상 어휘를 대체하는 아이들이 적지 않아요. 학생마다 개인 편차도 큽니다. 일상에서 흔히 쓰이는 어휘를 몰라서 대화에 참여하기 어려워하기도 해요. 언어는 상호작용하면서 습득하는 부분이 많습니다. 상호작용을 통해 그 시기에 익혀야 할 어휘를 늘려야 하는데, 대화조차 이어지지 않는 거죠."

이해하는 태도를 키워야 할 때

세대마다 쓰는 언어가 다른 것은 어쩌면 시대의 변화에 따른 자연스러운 현상입니다. 선호하는 언어의 양상이 다른 것 또

한 어쩔 수 없는 부분입니다. 다만 이를 인정하고, 서로의 언어를 이해해야 합니다. 또 다른 사회적 갈등으로 번질 수도 있거든요. '심심基深한 사과' 논란처럼요. 젊은 세대는 '깊고 간절한'을 의미하는 '심심'을 '지루하고 재미없게'로 오인해 사과의 진정성을 의심했고, 기성세대는 단어의 뜻을 몰라 논란을 부추긴 젊은 세대의 어휘력을 우려했습니다.

한동안 온라인 커뮤니티에서 설전이 오가는 걸 보면서 씁쓸했습니다. '어떻게 이걸 모를 수가 있느냐.', '어려운 한자어를 굳이 쓸 필요가 있느냐.'며 서로 비난하고 배척하는 모습에서 상대를 이해하려는 노력이라고는 찾아볼 수 없었거든요. 모르는 어휘나 한자어를 발견했을 때 국어사전을 찾아보고, 문장의 맥락과 전달하려는 메시지를 파악하기 위해 적극적으로 살폈다면 어땠을까요? 세대별 문화 차이를 인정하고 서로의 언어를 이해하려고 노력했다면 상황은 또 어떻게 달라졌을까요?

문해력을 키워야 하는 이유 중 하나는 소통에 있습니다. 읽고 이해하는 능력, 이라는 문해력의 정의만 봐도 알 수 있습니다. 상대(의 글이나 말)를 이해하고 소통할 줄 알아야 하는데, 이해하려는 노력조차 하지 않으니 소통은커녕 갈등이 생길 수밖에 없습니다. 이해하는 태도가 부족하면 이해의 폭이 좁아지는 건 당연합니다. 세상을 바라보는 시야도 덩달아 좁아집니다.

언어는 변합니다. 시대와 환경에 따라 생성하고, 변화하고, 소멸하기도 하지요. 하지만 개인이나 일부 집단이 마음대로 바꿀 수는 없습니다. 같은 언어를 쓰는 사람들끼리 정한 사회적인 약속이니까요. 이 체계를 바꾸려면 수많은 사람에게 인정받아야 합니다. 인정받지 않은 언어는 혼란을 부릅니다. 누군가가 '개'를 '고양이'로 부른다면 아무도 알아들을 수 없는 것과 같지요. 그래서 문해력이 필요합니다. 언어 이해의 폭을 넓혀야 합니다. '이해하는 태도'를 길러야 합니다. 세대를 막론하고 모르는 어휘나 단어는 적극적으로 배우고 익혀야 합니다. 이해하는 태도는 세상을 바라보는 시야를 넓혀줍니다. 세상과 연결돼 소통할 수 있게 돕습니다. 아는 만큼 보인다는 말처럼요. 사회 전반에 걸쳐 불거진 소통의 문제를 해결할 방법은 문해력, 이해하는 태도에 있다고 해도 지나치지 않다는 생각입니다.

아이와 대화할 때마다 답답함을 느낀다면 문해력을 점검해 볼 필요가 있습니다. 발달 시기에 맞는 일상 어휘를 구사할 수 있는지, 특히 어떤 단어를 어려워하는지를 파악해 부족한 부분을 채울 수 있게 이끌어야 합니다. 이때 부모가 아이가 즐겨 사용하는 유행어나 신조어에 관심을 가진다면 대화의 물꼬를 트는 데 도움이 되지 않을까요?

선생님,
무슨 말인지 모르겠어요

수업 시간에 진도를 맞추기 어렵다고 하소연하는 교사가 적지 않습니다. '어휘'의 벽에 가로막힌 탓입니다. 주요 교과목의 필수 어휘를 모르는 학생이 많아 하나하나 설명하다 보면 수업 시간이 부족할 때도 있다고 말합니다. 물론 혼자서 교과서 읽기도 어려워하고요. 교과를 가리지도 않습니다. 흔히 어휘력이 부족하면 국어 교과에만 영향을 미친다고 생각하기 쉽지만, 사회도, 과학도, 영어도, 심지어 수학까지도 예외가 아닙니다.

EBS에서 방영한 〈당신의 문해력〉에서 우리나라 학생들의 문해력 실태를 알아보기 위해 한 고등학교의 실제 수업 모습을 촬영해 보여준 적이 있습니다. 교사는 사회 불평등 현상을 설명하면서 영화 〈기생충〉을 수업 자료로 제시했습니다. 그러면서 영화를 구성하던 초기 '가제'가 '데칼코마니'였다고 설명하죠. 교사는 학생들에게 질문합니다. '가제'가 무슨 뜻인지 아느냐고요. 한 학생의 대답은 놀라웠습니다. '랍스터'라고 말했거든요. 단어의 뜻은 물론 수업 내용의 맥락조차 파악하지 못했다는 의미였습니다.

중학교 사정도 다르지 않았습니다. 몇 년 전, 한 일간지의 의뢰로 문해력 검사를 진행한 국어 교사의 이야기를 들어봤습니다. 당시 그는 중학교 3학년 교과서를 바탕으로 국어·역사·과학 과목에 나오는 어휘를 보여주고 글의 맥락에 맞는 단어를 고르도록 검사를 설계, 출제했다고 설명했는데요. 검사 결과 중학교 3학년 학생 10명 중 3명만 중학교 3학년 수준의 문해력을 갖춘 것으로 나타났습니다. "나머지 학생들은 제 학년의 교과서를 스스로 읽고 이해하기 어렵다는 의미."라며 "수업 진도를 따라가는 것도 벅찰 것."이라고 덧붙였습니다.

한 초등학교 교사도 비슷한 경험이 있다고 했어요. 본격적으로 학습이 시작되는 초등학교 3~4학년 때 어휘력의 격차가 두드러지기 시작한다고 설명했습니다. 사회, 과학 등 주요 교과에서 '학습도구어'가 등장하기 때문인데요. 초등 저학년 때 어휘력을 다지지 못한 아이들은 교과목의 주요 어휘를 '외계어' 처럼 받아들인다고 말했습니다.

> "수업하다가 모르는 부분을 질문하면 그나마 다행이에요. 그런데 모르는 걸 묻지도 않고 그냥 지나갑니다. 이런 시간 이 하루, 이틀 쌓이다 보면 기초학력 미달이 되거나 그 경계 선에 머무르게 되죠."

부자가 더 부자가 되는 이유

교사들은 어휘력 부족에서 비롯한 문해력 격차는 학습 격차로 이어질 수 있다고 지적합니다. '부익부 빈익빈'을 가리키는 '매 튜 효과Matthew effect'라는 말이 있습니다. 부자는 더 부유해지고 가난한 사람은 더 가난해진다는 의미입니다. 보통 사회적인 현 상을 설명할 때 쓰이는데요. 문해력에도 적용된다고 해요. 어휘 력이 높은 학생과 어휘력이 낮은 학생 간의 문해력 격차가 학 년이 올라갈수록, 시간이 갈수록 커진다는 겁니다.

어린 시절의 기억을 더듬어보면, 쉽게 이해할 수 있습니다. 누구나 자신이 잘하는 것을 대할 때는 의욕이 넘칩니다. 글이

술술 잘 읽히고 새로 알게 되는 내용에 흥미가 생기면, 궁금한 게 많아집니다. 그러면 궁금증을 해결하기 위해 또 읽을거리를 찾아 나서겠지요. 스스로 뿌듯함을 느낄 겁니다. '와, 나는 정말 잘 읽는구나!' 자신감도 넘치겠죠. 긍정적인 경험은 '읽기의 선순환'을 부릅니다. 자신의 필요와 욕구에 따라 적극적으로 읽기에 나서는 '자기주도' 독서를 가능하게 합니다. 상위권 학생들의 공부 비법인 자기주도학습의 원리가 이와 비슷합니다.

반대로, 읽을 때마다 답답한 마음을 느끼는 학생도 있습니다. 아무리 자세히 들여다보고 여러 번 읽어도 도대체 무슨 말인지 모릅니다. 읽어보려고 시도하지만, 실패를 반복하다 보면 재미를 잃고 읽기 싫어지는 건 당연합니다. 어떻게 해도 읽기 어려운 상황과 맞닥뜨리게 되면 도망가고 싶어질 겁니다. 글이나 책을 마주하는 걸 피하게 되겠죠. '나는 읽지 못하는 사람'이라고 자신을 부정적인 틀 안에 가둬버릴지도 모릅니다. 부정적인 경험은 악순환을 부릅니다. 점점 읽는 행위 자체와 거리를 두게 만듭니다. 문해력은 읽기 경험이 풍부한 만큼, 노력한 만큼 키울 수 있는데 그 기회조차 놓아버리는 것이죠.

문해력에서 비롯된 다양한 문제들

문해력은 학교생활을 하는 아이들의 자존감과도 연관이 있습니다. 친구들과 함께 수업을 듣는데, 자기 혼자만 이해하지 못하고 수업을 따라가지 못한다고 느낄 때 아이가 경험할 좌절감이 얼마나 클지는 생각조차 하고 싶지 않습니다. 크고 작은 좌절을 반복하다 보면 포기하고 싶은 마음이 생깁니다. 공부에 대한 흥미를 잃는 것은 물론 학교생활이 지루하고 재미없게 느껴질지도 모릅니다. 나중에는 자신에 대한 부정적인 인식이 쌓여 자존감을 잃게 될지도요.

학생들의 기초학력을 키워주기 위해 열심인 학교를 취재한 적이 있는데요. 그때 담당 교사가 했던 말이 잊히지 않습니다. 모든 학생은 공부를 잘하고 싶어 한다고요. 방법을 몰라서 혼자 헤매다가 지쳐서 포기할지언정 처음부터 공부에서 손을 놓는 건 아니라는 겁니다.

> "학력 향상 프로그램을 진행하면서 알게 된 건, 공부를 못하고 싶어 하는 아이는 없다는 거예요. 성적이 낮다고 해도 마찬가지였어요. 하지만 방법을 몰라 포기하는 경우가 많았습니다. 아이들의 마음에 관심을 두고 필요한 부분을 채워줬더

니, 포기하지 않더군요. 성적이 오른 건 당연합니다.”

학습도구어의 중요성

문해력은 기본적인 학습 도구입니다. 이 도구를 자유자재로 활용하려면 어휘력이 뒷받침돼야 합니다. 핵심이라고 할 수 있죠. 특히 ‘학습도구어’는 교과 내용을 이해하기 위해서 반드시 알아야 하는 어휘입니다. 우리가 평소 사용하는 일상어와는 성격이 다르지요. 일상어는 사전적인 의미를 정확하게 알지 못하더라도 글의 맥락을 살피다 보면 어느 정도 의미를 유추할 수 있습니다. 하지만 개념어인 학습도구어는 사정이 다릅니다. 개념어는 눈에 보이지 않는, 실제 경험하지 못한 추상적인 생각을 나타내는 말로, 정확한 뜻과 쓰임을 알지 못하면 이해하기 어렵습니다. 앞서 소개한 학교 현장의 사례는 모두 학습도구어를 제때 습득하지 못해 일어나는 학습 부진의 전조 현상입니다.

한 가지 안타까운 점은, 문해력 문제를 바라보는 시각에서 교육자들과 학부모들의 온도 차가 꽤 크다는 사실입니다. 교사들은 학습 부진의 근본적인 원인이 문해력에 있는데도 무작정 학원부터 찾는 모습을 보면 안타깝다고 입을 모읍니다. 교과서나 수업 내용 자체를 이해하지 못하는 아이를 선행 학원에 보내고, 성적이 오르지 않는다고 고민한다는 것이죠. 학교에서 부족한 부분을 지도하기 위해 보충 수업을 제안해도 반영이 영 시원치 않다고 합니다. 나머지 공부라는 학부모의 편견과 이미 짜인 학원 일정 때문인데요. 그러는 동안 아이들은 부족한 문해력을 만회할 기회는 물론 학습에 대한 흥미도 잃어버렸습니다.

학습 부진으로 자신감을 잃은 아이들을 도울 방법을 우리는 알고 있습니다. 바로 문해력 키우기입니다. 특히 학습에 필요한 기초 체력을 길러야 하는 초등학교 시기에는 문해력이 전부입니다. 중·고등학교에 올라가서도 수업 내용을 제대로 이해하지 못하고 공부에 흥미를 느끼지 못한다면, 문해력 먼저 다져야 다음 단계로 올라설 수 있습니다. 너무 늦지 않게 우리 아이들이 성장할 기회를 만들어 줘야 합니다.

뜻을 모르니
사고하는 힘이 떨어질 수밖에

"그러니까, 거시기 해서 거시기 하다니까!"

오래 전 한 TV 개그 프로그램에서 접한 대사를 살짝 순화해 옮겨봤습니다. 어떤 것에 대해 말하고 싶은데 대충 '거시기'로 말해놓고 상대방에게 왜 못 알아듣느냐고 타박하던 장면이었습니다. '적반하장'이랄까요. '거시기'는 하려는 말이 얼른 생각나지 않거나 설명하기 어려울 때 대신 쓸 수 있는 표준어이긴 합니다. 국립국어원에서는 대명사와 감탄사로 정의하지만, 실제로는 동사, 형용사 등 다양한 품사로 쓰입니다. 모든 걸 표현할 수 있는 만능(?) 단어인 셈입니다. 즐겨보지 않던 개그 프로그램이 떠오른 건 요즘 우리의 모습과 겹쳐 보였기 때문입니다. 자기 생각과 마음, 기분 같은 것들을 드러내고 싶은데, 적당한 단어가 떠오르지 않아서 '대박'과 '헐'로 대신하는 모습이요. 쉽고 단순한 단어를 선호한다지만, 자기 생각을 들여다보고 표현할 기회조차 외면하는 건 아닌가 안타까운 마음입니다.

저는 글을 쓸 때면 온라인 국어사전부터 열어둡니다. 오랜 습관이라, 이렇게 해야 마음이 편합니다. 기자라는 직업 덕분에 읽고 쓰는 일에 익숙한 편인데도 늘 '이 문장이 최선인지'를 고민합니다. 더 정확하게는 '이 단어가 지금 이 맥락에 쓰이는 게 맞는지'를 생각합니다. 비슷비슷한 뜻의 단어도 미묘한 어감 차이가 있거든요. 생각을 명료하고 정확하게 전할 수 있는 단어를 찾기 위해 온라인 국어사전을 검색합니다. 유의어가 쓰인 예문까지 살피면서 딱 맞는 단어를 발견해 문장을 완성하고 나면 뿌듯함이 밀려옵니다. 이렇게 또 나의 어휘력이 한 단계 상승했음에 입꼬리가 올라갑니다.

어휘는 생각 아이템이다

언어는 생각을 표현하는 도구입니다. 다양한 생각을 가지런히 정리해 말과 글로 표현하는 데도 문해력이 필요합니다. 특히 어휘력이 중요합니다. 생각을 '정확'하게 전달하기 위해서는 '적확'한 단어를 고를 줄 알아야 하기 때문이죠. 어휘력은 단어를 마음대로 부리고 쓸 줄 아는 능력입니다. 단어의 뜻을 알고 필요한 순간마다 적재적소에 꺼내 활용할 줄 아는 사람에게 '어휘력이 좋다.'고 말합니다.

어휘는 '생각 아이템'입니다. 게임에 비유해볼까요? 게임 좋아하는 아이들을 보면, 아이템을 모으는 데 열을 올립니다. 친구가 가진 아이템보다 좋은 아이템을 가져야 게임에서 이길 수 있기 때문이죠. 돈을 주고 사지 않는 이상 게임 아이템을 모으려면 시간과 노력이 필요합니다. 일정 시간 이상 게임을 해야 아이템을 모을 수 있고, 이 아이템을 어떻게 사용해야 이길 수 있을지 고민도 합니다. 이렇게 모은 아이템은 경기력과 직결되고 승부를 좌우합니다.

아이의 세상을 넓혀줄 어휘력

어휘는 사고력과 밀접한 관계가 있습니다. '생각 아이템'인 어휘를 모으면 모을수록 생각하는 힘이 세집니다. 모국어를 쓰는 사람이 성인이 됐을 때 구사할 줄 아는 어휘가 2만 개에서 10만 개 사이라고 알려져 있는데요. 2만 개를 구사하는 사람과 10

만 개를 구사하는 사람의 생각하는 힘은 차이가 날 수밖에 없습니다. 《동물농장》과 《1984》로 유명한 영국 소설가 조지 오웰은 "어떤 말을 하고 싶어도 표현할 단어를 못 찾으면 나중에는 생각 자체를 못하게 된다."고 했습니다. 사고력은 어휘력에서 비롯합니다.

흔히 모국어의 어휘력은 자연스럽게 길러진다고 생각하기 쉽습니다. 아이들이 자라면서 말을 배우고 할 줄 알게 된 것처럼요. 하지만 어휘력은 가만히 있는다고 길러지는 능력이 아닙니다. 늘리려는 노력 없이는 뒤처질 수밖에 없습니다. 이는 공부하는 아이들에게만 해당하는 이야기가 아닙니다. 어른인 우리도 어휘 익히기를 소홀히 해선 안 됩니다. 체계적으로 어휘를 익혀야 합니다.

20년 가까이 독서 교육에 힘을 쏟고 있는 심영면 교장 선생님을 인터뷰한 적이 있는데요. 선생님과 나눈 이야기에서 어휘력을 키울 수 있는 힌트를 얻었습니다. 자녀가 초등학교 5학년 때 〈해리포터〉 시리즈를 무척 좋아해서 읽고 또 읽었다고 해요. 우리말로 번역된 책을 여러 번 읽더니 영어 원서를 사달라고 했답니다. 속으로 '영어 공부도 할 겸 잘 됐다.' 하면서 얼른 책을 사주었고요. '영어 원서 읽기가 어려울 텐데, 대단하다.'라며 칭찬도 잊지 않았습니다.

"그랬더니 뭐라는 줄 아세요? '아빠, 단어 몇 개만 알면 다 이해할 수 있어요. 해리포터 책을 달달 외울 정도로 읽었는데, 이걸 못 읽겠어요?' 하더군요."

이미 번역서로 단어와 문장, 스토리를 이해하고 나니, 모르는 영어 어휘가 나와도 단어와 단어의 연관성, 이야기의 맥락 등을 통해서 충분히 읽어낼 수가 있었던 겁니다.

어휘력은 어떻게 키워야 할까요? 모르는 단어가 나올 때마다 국어사전을 찾아봐야 할까요? 물론 국어사전에서 뜻을 확인하는 것도 중요합니다. 하지만 어휘력의 의미처럼 단어를 자유자재로 부리고 쓰려면 사전적 정의와 함께 문맥적 의미, 맥락적 의미, 상황적 의미 등을 함께 알아야 합니다. 언제, 어떤 상황에서 어떻게 쓰이는지 다양한 용례를 경험해야 합니다. 맞습니다. 어휘력을 키울 수 있는 가장 쉽고 좋은 방법은 책 읽기입니다.

아는 만큼 보입니다. 아는 만큼 이해합니다. 아는 만큼 생각합니다. 아는 만큼 세상이 넓어집니다. 어휘력은 우리 아이의 세상을 넓혀줍니다.

문해력의 골든 아워

병원을 배경으로 한 드라마를 보면, '골든타임'에 대한 이야기가 종종 등장합니다. 생과 사의 갈림길에 서 있는 환자를 살리기 위해 고군분투하던 의료진들은 골든타임이 얼마 남지 않았다고 소리칩니다. 단 몇 분, 몇 시간. 그 안에 조치하지 않으면 환자는 목숨을 잃게 됩니다. 안타깝게도 골든타임을 놓친 드라마 속 주인공은 망연자실해 말합니다.

"조금만 더 빨리 대처했더라면…."

골든 아워golden hour. 응급 상황에서 인명을 구할 수 있는 금쪽같은 시간을 말합니다. 우리에게는 골든타임으로 더 잘 알려져 있죠. 시간을 지체하지 않고 가능한 한 빨리 필요한 치료에 나서는 것이 핵심입니다. 손을 쓸 수 있을 때 가용할 수 있는 모든 방법과 노력을 동원해 환자가 회복할 수 있는 상태로 돌려놓아야 목숨을 살릴 수 있습니다.

문해력은 평생에 걸쳐 발전시킬 수 있는 능력입니다. 읽는 능력은 타고나는 것이 아니기 때문입니다. 인지신경학자이자 아동발달학자인 매리언 울프는 저서 《다시, 책으로》에서 문해력에 대해 이렇게 말합니다. "문해력은 호모사피엔스의 가장 중요한 후천적 성취 가운데 하나입니다."

또 우리의 뇌는 끊임없이 변한다고 해요. 이를 '신경가소성'이라고 합니다. 다양한 경험과 꾸준한 연습으로 뇌의 능력을 얼마든지 키울 수 있다는 겁니다. 그래서 늦은 때는 없다고도 해요. 부족하다고 인지하는 그 순간부터 노력하면 분명히 나아지기 때문입니다.

다만, 놓쳐서는 안 되는 시기, 골든 아워는 존재합니다. 성장 시기에 맞게 문해력을 키우지 않는다면 그 격차는 갈수록 커질 수밖에 없습니다. 격차가 커질수록 간격을 좁히는 데 쏟아야 할 시간과 노력은 더 많이 필요하겠지요. 차근차근 단계를 밟아 문해력을 키운 아이와 결손을 발견하고 부족한 부분을 찾아가며 채워 넣어야 하는 아이의 성장 속도는 다릅니다. 학교에 들어가면 '학습 격차'라는 모습으로 나타납니다.

초등 2학년이 가장 중요합니다

문해력 발달의 골든 아워는 언제일까요? 학교 현장에서는 초등학교 2학년을 꼽습니다. 초등학교 2학년까지는 학교생활에 적응하는 데 초점을 맞췄다면, 초등학교 3학년부터는 본격적으로 학습이 시작됩니다. 사회, 과학 등 배워야 할 교과목 수가 늘고 공부할 내용도 어려워집니다. 교과 내용을 이해하는 데 필요한 '학습도구어'가 전면에 등장하는 시기이기도 합니다. 초등학교 2학년까지 문해력의 기초를 다지지 않는다면 교과서를 제대로 이해하기도, 수업을 제때 따라가기도 어려워질 수밖에요. 기초 문해력을 갖춘 아이와 그렇지 못한 아이의 학습 격차가 이때부터 벌어집니다. 많은 학부모가 초등학교 3학년을 두고 '이제 학원에 보내야 할 때'라고 인식하는 건 결코 우연이 아닙니다.

앞서 소개한 '매튜 효과'를 뒤집어봤더니 해결 방법이 보이더군요. 한 번 벌어진 문해력 격차가 학년이 올라갈수록, 시간이 갈수록 커진다면, 부모인 우리가 그 악순환의 고리를 끊어주면 됩니다. 바로 골든 아워를 잡는 것이죠. 학교에 들어가기 전에 초기 문해력(만 8세 이전의 초기 아동기에 형성되는 문해력)을 차근차근 길러줬다면 더할 나위 없이 좋았겠지만, 그러지 못했다고 해도 괜찮습니다. 지금이라도 아이의 문해력 수준을 정확하게 파악하고 필요한 처방을 내리면 됩니다. 문해력의 골든 아워를 반드시 잡겠다는 마음으로요.

고무적인 소식은 국가에서도 문해력 저하 문제에 적극적으로 대처하고 있다는 점입니다. 교육부가 발표한 '2022 개정 교육과정'에는 초등 국어 수업을 34시간 확대한다는 내용이 포함돼 있습니다. 특히 초등학교 저학년인 1·2학년의 국어 수업 시수를 늘리고 기초문해력과 한글 해득解得 능력을 강화하는 데 초점을 맞추고 있습니다. 초등학교 3학년이 되기 전에 문해력이라는 학습 도구를 제대로 활용하게 가르치겠다는 의미입니다. 문해력의 격차로 학습에 어려움을 겪는 아이들이 없도록 공교육 시스템을 강화하겠다는 것이지요.

독서 습관의 골든 아워

초등학교 시기는 또 다른 의미의 골든 아워이기도 합니다. 평생 책을 곁에 두고 친구로 삼을지를 결정하는 '독서 습관의 골든 아워'요. 어릴 때 독서 습관을 자리 잡게 하는 건 무척 중요합니다. '세 살 버릇 여든까지 간다.'는 진부한 속담을 굳이 언급하지 않더라도 말이죠. 어릴 때부터 꾸준히 책을 가까이하고 재미를 느끼고 배움의 기쁨을 맛봐야 독서를 즐기는 어른으로 자랄 수 있습니다. 독서에 대한 긍정적인 경험을 차곡차곡 쌓는 겁니다. 한번 생각해보세요. 초등학교 때 읽지 않던 사람이 중학교, 고등학교에 올라간다고 갑자기 책 읽기에 눈을 뜰까요? 어른이 되고 나서는요? 뭔가 결정적인 계기가 있지 않고서는 그런 사람은 열에 하나 정도에 불과합니다. 거의 없다고 봐도 무방합니다.

독서 습관은 평생에 걸쳐 자신을 성장시키는 무기입니다. 삶이 힘들 때, 관심 분야에 대해 파고들 때, 누군가의 조언이 필요할 때, 세상의 흐름을 읽고 싶을 때… 독서 습관의 진가는 이때 나타납니다. 습관으로 이어지는 긍정적인 독서를 경험하는 과정에도 문해력이 필요합니다. 문해력과 독서, 독서와 문해력은 떼려야 뗄 수 없는 관계이기 때문입니다. 문해력과 독서 습관의 골든 아워인 초등학교 시기를 절대 놓쳐서는 안 되는 이유입니다.

문해력 부족이
태도가 되지 않게

워런 버핏 버크셔 해서웨이 회장에게는 세계 최고의 투자가, 세계적인 거부라는 수식어 외에도 여러 별명이 따라붙습니다. '글쓰기 전략가'이자 '탁월한 이야기꾼'이 바로 그것입니다. 버핏은 매년 직접 주주들에게 편지를 보냅니다. 자신의 투자 철학과 경영, 삶의 지혜를 담아서요. 이 편지를 엮은 책은 세계 투자자들의 필독서로 불립니다. 주주총회는 팬 미팅을 방불케 합니다. 버핏의 말을 듣기 위해 자본가 수만 명이 전 세계에서 몰려듭니다.

버핏은 자신을 위해 할 수 있는 최고의 투자로 '글쓰기와 말하기 능력 키우기'를 꼽습니다. 의사소통 능력의 중요성을 강조한 겁니다. 지적 능력이 아무리 훌륭해도 그것을 전달하지 못하면 아무 일도 일어나지 않는다고 말합니다. 특히 20대 젊은이들에게 조언하죠. "당신의 가치를 적어도 50% 높이는 쉬운 방법은 글쓰기와 말하기 능력을 기르는 것."이라고요.

버핏이 투자에 대해 잘 모르는 대중에게 다가갈 수 있었던 이유도 글과 말을 자유자재로 부릴 줄 알았기 때문입니다. 자기 생각을 명료하면서도 쉽고 단순하게, 누구나 이해하기 쉬운 언어로 전달하는 능력이 탁월했고, 전 세계 사람들에게 그의 메시지가 전해진 겁니다.

우리나라를 대표하는 생태학자인 최재천 이화여대 석좌교수도 "세상의 모든 일은 결국 '글쓰기'로 판가름 난다."고 강조합니다. 그는 글 잘 쓰는 과학자로도 알려져 있습니다. 그동안 쓴 책만 100권이 넘습니다. 미국 대학에서 공부할 때 글쓰기를 배웠다고 하는데요. 글쓰기를 가르쳐준 담당 교수는 "정확하고 군더더기 없이, 우아함까지 갖춘 글을 쓴다."고 평가했습니다. 인문학을 전공하는 사람은 당연히 글을 잘 써야 하지만, 과학이나 공학을 전공하면 못 써도 괜찮다는 편견에도 반기를 듭니다. 과학과 공학을 전공한 사람일수록 일반인이 어려워하는 관런 지식을 누구나 쉽게 이해할 수 있도록 풀어 쓸 능력을 갖춰야 한다고 주장합니다. 실제 미국 MIT에서는 글쓰기 훈련에 공을 들입니다. 하버드대도 다르지 않습니다. 특히 하버드대의 글쓰기 프로그램은 혹독하기로 유명합니다. 이 프로그램을 이끌어온 낸시 소머스 교수는 한 인터뷰에서 "자기 분야에서 진정한 프로가 되려면 글쓰기 능력을 길러야 한다."고 했습니다.

우리나라를 한번 살펴볼까요? 서울대는 2018년에야 글쓰기 지원센터를 열었습니다. 2017년 자연과학대 신입생의 글쓰기 능력을 평가했더니, 4명 중 1명이 정규 글쓰기 과목을 수강하기 어려운 수준이었습니다. 이들은 '근거 없이 주장을 제시하고', '주제를 벗어난 글을 쓰고', '명확하지 않은 표현을 사용한다' 등의 평가를 받았습니다.

2년 후 인문대 신입생을 평가한 결과는 충격적이었습니다. 10명 중 3명이 낙제 수준인 60점 이하를 받았기 때문입니다. 특히 평균 점수가 2년 전 자연과학대 신입생의 평균 점수보다 낮았습니다. 메시지는 분명했습니다. 우리나라에서 공부깨나 한다는 학생도 글쓰기 능력, 즉 '표현하는 태도'가 부족했다는 사실입니다.

아무리 아는 게 많아도 자신이 터득한 지식을 많은 사람과 나눌 줄 알아야 합니다. 최재천 교수도 강조합니다. 대중에게 영감을 주는 영향력 있는 학자는 연구한 내용을 누구나 이해할 수 있게 글을 쓰고 책을 낸 이들이라고요. 세계적인 리더 양성을 목표로 하는 최고의 대학에서 글쓰기 능력을 강조하는 이유입니다. 분야를 막론하고 글쓰기는 미래의 경쟁력입니다.

문해력의 완성은 글쓰기

문해력은 듣고 말하고 읽고 쓰는 언어의 모든 영역이 가능한 상태를 의미합니다. 글을 읽고 이해하고 지식을 충분히 쌓았다면 써야 합니다. 자기 생각을 표현할 줄 알아야 합니다. 앎을 진짜 내 것으로 만드는 방법입니다. 생각하는 힘을 기르는 가장 확실하면서도 유일한 방법입니다. 문해력을 완성하는 마지막 단계는 '글쓰기'입니다.

글쓰기는 이렇게나 중요합니다. 어떤 꿈을 꾸든, 어떤 장래 희망을 품든 글쓰기는 우리 아이들에게 날개를 달아줄 것입니다. 디지털 시대에도 글쓰기 능력은 필수입니다. 특히 얼굴을 마주하지 않고 소통하는 비대면 상황, 메타버스로 대표되는 가상 세계에서는 글 잘 쓰는 사람들의 존재감이 돋보일 수밖에 없습니다.

매일 글을 쓰지만, 하루도 글쓰기가 쉬운 적은 없습니다. (좋아서 선택한 일이지만) 쓰기 싫은 날도 많습니다. 그래도 꾸역꾸역 씁니다. 마감이라는 약속을 지켜야 하니까요. 마감에 맞춰 쓰다 보니 쓰는 근육이 조금씩 붙었습니다. 선배로부터 글의 꼴을 갖추는 방법도 배웠습니다. 처음 기자로 일할 때와 비교하면, 지금은 그나마 쓸 만합니다. (잘 쓴다는 말이 아닙니다.) 글 쓰는 일을 직업으로 삼은 사람도 끊임없는 연습과 훈련이 필요합니다. 쓰지 않으면 점점 쓸 줄 모르게 됩니다. 쓰는 걸 망설이게 됩니다. 두려움이 생기기도 합니다. 글로 소통하는 능력, 자기 생각을 정리해 표현할 줄 아는 능력은 하루아침에 생기지 않습니다. 언어라는 특성이 그렇습니다. 자꾸 연습하고 훈련해야 실력이 쌓입니다. 글을 처음부터 잘 쓰는 사람은 없습니다.

그러나 우리는 이 사실을 인정하지 않는 듯합니다. 학교에서 일기, 독후감, 체험활동 보고서 등 쓰는 활동을 하지만, 글쓰기를 맛보는 데 그치기 때문입니다. 글은 쓰면 쓸수록 깊어지는데, 깊어지기도 전에 학습과 시험의 뒷전으로 밀려납니다. 대학에 들어가고 사회생활을 시작하고 나서야 발등에 불이 떨어졌음을 깨닫습니다. 리포트, 논문, 이메일, 보고서, 제안서…. 쓰지 않으면 능력을 보여줄 수도, 의견을 제시할 수도 없는 상황에 좌절합니다.

글은 쓴 사람을 대신합니다. 글에는 쓴 사람의 생각과 감정,

가치관, 역량까지 모든 게 담겨 있습니다. 우리는 글을 통해 사람을 읽어냅니다. 그 사람의 태도가 어떤지 알아챌 수 있습니다. 잔뜩 격식을 갖춰 써야 한다는 말이 아닙니다. 전하려는 메시지를 정확하고 간결하게 글에 담아낼 줄 알아야 합니다. 높은 성적으로 대학에 입학해도, 누구나 동경하는 직장에 입사했더라도 친구끼리 메시지를 주고받을 때나 쓸 법한 표현과 핵심이 무엇인지 고개를 갸웃하게 만드는 글로는 상대방을 설득할 수도, 신뢰를 얻을 수도 없습니다. 나의 가치를 제대로 보여주려면 '표현하는 태도'를 길러야 합니다.

문해력 호기심을 깨우는 세 가지 태도 : 읽는 태도, 이해하는 태도, 표현하는 태도

문해력은 '세상을 보는 태도'입니다. 나를 둘러싼 주변에 관심을 가지게 합니다. 읽고 이해하는 과정을 통해 사실과 거짓을 구별하고, 옳고 그름을 가려내게 합니다. 습득한 지식과 정보를 바탕으로 생각을 정리하고 말과 글로 표현하게 돕습니다. '읽는 태도', '이해하는 태도', '표현하는 태도'를 갖췄을 때 비로소 하루가 멀다고 변하는 세상의 흐름을 읽어내고, 멀리 내다보는 눈을 밝힐 수 있습니다. '읽지 않으려는 태도', '이해하지 않으

려는 태도', '표현하지 않으려는 태도'가 고착되기 전에 서둘러
야 합니다.

이상적인 이야기라고요? 피부에 와닿지 않는다고요? 공부에
재미를 느낍니다. 책을 가까이합니다. 자신의 가능성을 글로 마
음껏 표현할 줄 압니다. 이런 아이로 성장하게 도울 방법, 바로
문해력에 있습니다.

자, 이제 우리 아이들의 눈을 밝혀줄 차례입니다.

2부

글과 말을 이해해야
주고받을 수 있습니다

읽었는데, 읽었다고
말 못 하는 사정

장면 하나. 막 한글을 뗀 아이가 있습니다. 아이가 글을 읽을 줄 안다고 생각한 엄마는 '이제 읽어주지 않아도 되겠다.'고 생각합니다. 한글을 떼기 전까지 열심히 책을 읽어줬습니다. 워낙 책을 좋아하던 아이라, 혼자 읽기에도 거부감이 없습니다. 처음 접하는 책도 곧잘 보는 모습을 보고 엄마는 대견해합니다. 어느 날 문득, 책을 제대로 읽고 있는지 궁금해진 엄마는 아이에게 묻습니다. "주인공이 왜 이렇게 말한 거야?" 그런데 아이는 대답하지 못합니다. 끝내 대답하지 못한 아이는 책을 내려놓고 자리를 피하고 맙니다.

장면 둘. 초등학생이 교과서를 열심히 읽고 있습니다. 책에 줄도 긋고, 소리 내 읽으면서 한참을 읽습니다. 엄마는 흐뭇합니다. 성적 걱정도 하지 않습니다. 이렇게까지 열심인데, 성적이 나쁠 리가 없다고 생각합니다. 그리고 단원평가를 하는 날. 평가 문제를 한참 들여다보던 아이는 손을 들고 질문합니다. "선생님, 무슨 말인지 모르겠어요." 단원평가 점수를 받아 든 엄마는 한숨을 쉽니다. 기대에 한참 못 미치는 점수였거든요. 열심히 하는데, 왜 점수가 이것밖에 나오지 않는지 답답하기만 합니다.

자, 이 아이들은 읽었을까요? 안 읽었을까요? 정답은 '못 읽었다'입니다. 더 정확하게는 두 아이 모두 '글자'는 압니다. 하지만 글의 내용은 이해하지 못했습니다. 엄마의 물음에, 단원평가 문제에 답하지 못했던 이유입니다. 분명히 읽었지만, 읽었다고 말할 수 없는 속사정이 여기에 있었던 겁니다. 글자를 읽는 것과 글을 이해하는 것은 다릅니다. 자음 ㄱ을 기역이라고 읽고, 모음 ㅏ를 더했을 때 '가'라고 읽을 줄 안다고 해서 그림책이나 교과서 내용을 모두 이해했다고 보기 어렵습니다.

이해하는 태도는 저절로 생기지 않는다

한글은 소리글자입니다. 글자 모양에 소리의 특성이 반영돼 있어 누구나 쉽게 배우고 쓸 수 있습니다. 그 덕분에 우리나라는 문맹률(약 4.5%)이 매우 낮은 편입니다. 거의 모든 국민이 글자를 읽고 쓸 줄 알죠. 실질적 문맹률(약 8.7%)을 따지면 이야기는 조금 달라집니다. 실질적 문맹은 글자는 알지만, 문장이나 글의 뜻을 이해하지 못하는 걸 말합니다. 문해력 부족을 가리킵니다.

아이가 글자를 읽을 줄 안다고 해서 모든 글과 책의 내용을 이해할 수 있는 건 아닙니다. 글자는 쉽게 배워도 읽고 이해하는 힘은 저절로 생기지 않습니다. 읽기는 후천적인 능력입니다. '때가 되면 할 수 있다.'는 말이 적용되지 않습니다. 우리의 뇌에는 '읽기'를 담당하는 부분이 없다는 걸 과학자들이 밝혀냈거든요. 말하는 기능을 담당하는 브로카 영역, 말을 이해하는 기능을 담당하는 베르니케 영역, 각회, 해마, 시각 중추, 청각 중추 등 뇌의 여러 부위를 모두 동원해야 읽을 수 있습니다. 인간의 역사는 수백만 년 전부터 시작됐지만, 문자가 발명된 지는 고작 5000년 정도밖에 안 됐기 때문입니다. 선천적으로 가지지 못한 능력을 키울 방법은 경험과 꾸준한 연습뿐입니다.

자기주도로 책을 읽기 전에

글자를 읽기 시작한 우리 아이들은 막 걸음마를 뗐을 뿐이에요. 이제 걸음마를 시작한 아이의 손을 놓아버리는 부모는 없습니다. 빠르게 걷고 뛰고 장애물을 피해 나아갈 수 있을 때까지 아이에게서 눈을 떼서는 안 됩니다. 성장 속도와 발달 수준에 따라 읽기 능력이 함께 자랄 수 있도록 도와줘야 합니다. 우리가 궁극적으로 바라는 자기주도학습, 자기주도 책 읽기를 완성하려면 갈 길이 멉니다.

① 눈높이 맞추기

부모의 눈높이에서 보면, 아이가 읽는 글이 무척 쉽게 느껴집니다. '아니, 어떻게 이걸 모를 수가 있어?'라는 생각이 듭니다. 당연합니다. 어른인 우리는 이미 배우고 익힌 내용들이니까요. 하지만 아이의 눈높이에서 보면 다릅니다. 어휘나 배경지식이 부족하면 이해하기 어렵습니다. '옆집 아이는 읽는다는데, 왜 우리 아이는 못 읽는 걸까?', '초등학교 3학년은 이 정도 읽어야 한다는데, 왜 우리 아이는 거부하는 걸까?' 이런 걱정이 머릿속에서 맴돌지요. 이는 기준이 틀렸기 때문입니다. 내 아이의 눈높이, 내 아이가 기준이 돼야 합니다.

② 함께 읽기

아이가 글자를 알기 전까지는 정말 열심히 책을 읽어줍니다. 힘들어도, 피곤해도 책 읽기를 거르지 않습니다. 책 읽어주기가 아이의 성장과 발달에 긍정적인 영향을 준다는데, 하지 않을 이유가 없지요. 게다가 경제적인 부담을 느끼지 않아도 됩니다. 책만 있으면 되니까요. 그러다 아이가 한글을 깨치고 나면 마음이 느슨해집니다. '혼자 읽어도 괜찮겠지?' 생각하죠. 그럴 땐 아이가 걸음마를 시작했을 때를 떠올리세요. 조급한 마음에 읽기 독립을 서두르다 보면 책을 읽고 싶어도 읽지 못하는 안타까운 상황이 벌어집니다. 아이가 원한다면 언제까지고 함께 책을 읽어주세요. 모르는 단어가 있으면 함께 찾아보고 의미를 새겨보세요. 책을 이해하기 어려워한다면 아이의 읽기 수준보다 높은 책을 고른 게 아닌지 돌아봐 주세요. 흥미를 보이는 내용이 있다면 경험을 확장해주세요. 책을 읽으면서, 다 읽고 난 후 서로 생각과 느낌을 나누세요. 아이와의 애착을 단단하게 하고 정서적으로 교류할 비법, 책 한 권이면 충분합니다. 아이의 읽기 능력이 발달하는 건 당연한 일이고요.

공부를 잘하면
문해력도 뛰어날까?

몇 년 전부터 교육업계의 화두는 '문해력'입니다. 문해력을 키워야 성적을 올릴 수 있다는 식의 광고가 판을 칩니다. 자녀에게 자사의 교육 프로그램을 적용하면 문해력이 좋아져 성적도 덩달아 좋아진다고 주장하죠. 기존의 것과 크게 다르지 않아보이는데도 '문해력'이라는 단어만 갖다 붙여 새로운 프로그램인 양 탈바꿈하기도 해요. '문해력 만능주의'랄까요. 문해력이라는 중요한 교육 키워드가 마케팅 도구로만 반짝 소비되고 마는 게 아닐까, 걱정스럽기도 합니다. 다만, 그동안 간과했던 문해력의 중요성을 지금이라도 인지하고, 만회하기 위해 노력하는 분위기가 형성된 것은 긍정적인 변화로 보입니다.

공부의 본질을 생각하면 '문해력이 뒷받침돼야 성적이 오른다.'는 맞는 말입니다. 문해력은 학습 내용을 제대로 이해하고 자기 것으로 만들 줄 아는 힘이에요. 문해력이 좋은 아이들이 한번 제대로 해보겠다고 마음먹으면 공부를 잘할 수밖에 없습니다. 못 하려 해도 못 할 수가 없습니다. 혼자서도 교과서를 읽고 그 의미를 이해하고 문제를 풀고, 틀린 문제의 해설서를 보면서 왜 틀렸는지 파악할 줄 알거든요. 부족한 부분을 알아채고 보완할 줄도 압니다. 자기주도학습을 가능하게 하는 가장 기본적인 능력이 문해력이기 때문이죠.

뚝 떨어진 성적, 무엇이 문제일까?

여기서 생기는 궁금증 하나. 문해력이 좋으면 공부를 잘할 수 있다는데, 거꾸로 공부를 잘하는 아이들은 문해력이 좋을까요?

모두 그렇다고 보기는 어렵습니다. 초등학교 때는 문해력이 조금 부족해도 얼마든지 좋은 성적을 받을 수 있습니다. 부모가 옆에서 공부를 챙기거나 학원 몇 군데만 보내면 당장은 만족할 만한 결과를 얻을 수 있죠. 시킨 만큼 나옵니다. 아이도 초등 고학년이 되기 전까지는 큰 저항 없이 순순히 따라오죠. 이 모습을 보고 부모는 착각에 빠집니다. 초등학교 성적만 보고 이 결과가 대학수학능력시험까지 쭉 이어질 거라고 기대하는 거예요. 하지만 초등학교 성적을 기준으로 이렇다, 저렇다고 판단하기에는 너무 섣부릅니다. 부모 잔소리, 학원 뺑뺑이의 효과가 급격히 떨어지는 시기가 다가오기 때문이죠.

갑자기 떨어진 성적을 두고 부모는 망연자실합니다. 이전과 달라진 게 없는데 왜 성적이 떨어졌는지 도대체 알 수 없어 답답하기만 합니다. 학원을 옮겨야 할지, 추가해야 할지 고민을 거듭하게 될 겁니다. 정작 '왜' 떨어졌는지는 모른 채 말이죠. 잘 나오던 성적이 떨어지는 아이가 있다면, 반대로 그저 그랬던 성적이 올라가는 아이도 있습니다. 성적이 떨어진 아이의 부모는 속으로 생각하지요. '아니, 저 집 애는 어디 학원을 보내길래 성적이 올랐지?'

점점 벌어지는 격차의 이유

'가짜 성적'과 '진짜 성적'을 판가름내는 것은 '자기주도성'입니다. 부모나 학원 선생님이 떠먹여 주는 공부는 한계가 분명합니다. 떠먹여 주는 것만 소화해도 되는 초등 저학년 시기를 지나면 차이가 벌어집니다. 그동안 접하지 못했던 어휘가 등장하고 학습량이 늘면서 제대로 맛보고 씹을 시간이 부족해 대충 꿀떡 삼키고 마는 내용들이 생기기 시작하거든요. 한 번, 두 번, 이런 상황을 반복하면 위장에 탈이 납니다. 소화불량에 걸립니다. 초등 고학년이 되고 중학교에 진학하고 나면 스스로 먹지 못하는 아이도 생깁니다. 누군가 떠먹여 주는 데 익숙해져서 음식을 앞에 두고도 어떻게 먹어야 할지 몰라 결국 숟가락을 내려놓는 안타까운 상황이 일어나는 거죠.

교육 전문가들은 말합니다. 한때 높은 성적을 받았던 아이들이 속절없이 무너지는 이유는 의외로 문해력에 있다고요. 눈에 띌 정도로 좋은 성적을 내지 못하던 아이들이 어느 순간 두각을 드러내는 비결도 문해력이라고요.

언어 능력인 문해력은 학습 능력과 밀접하게 관련돼 있습니다. 문해력이 부족한 아이의 가짜 성적은 언젠가 거품이 빠집니다. 학원 의존도가 높고 스스로 공부하는 힘이 부족할 경우, 하락 폭은 더욱 클 수밖에 없습니다. 초등학교 때 만족할 만한 성적을 받는다고 해서 '우리 아이는 문해력을 걱정할 필요 없다.'고 단정 짓지 않았으면 해요. 그럴수록 아이가 배운 내용을 온전히 이해하고 있는지 관찰해야 합니다. 제대로 읽고 있는지 관심을 가져야 합니다. 눈에 보이는 성적이 전부가 아니니까요.

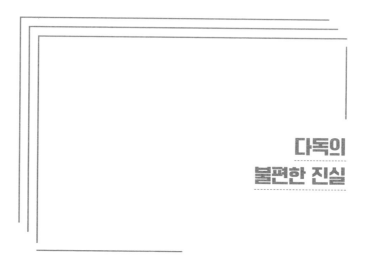

다독의
불편한 진실

책을 많이 읽으면 문해력이 좋아질까요?

많이 읽으면 읽을수록 공부를 잘하게 될까요?

이 질문의 핵심은 '양量'에 있습니다. '다다익선'이라는 말처럼, 무조건 많이 읽는 게 좋다고 생각하는 사람이 적지 않습니다. 많이 읽으면 독서 습관도 잡히고 이해하는 능력도 키울 수 있고, 나아가 문해력이 좋아져 학습 능력까지 향상할 수 있다고 말이죠. 하지만 '양적 독서'만을 강조해서는 원하는 바를 이루기 어렵습니다. 문해력을 키우기 위해서는 책을 몇 권 읽었는지보다 책의 내용을 얼마나 잘 소화했는지가 중요하기 때문입니다. 양보다 '질質'입니다.

다양한 책을 많이 읽는 독서법을 다독多讀이라고 합니다. 여러 분야의 책을 두루두루 많이 읽으면 배경지식을 넓히고 관심 분야를 찾는 데 분명히 도움이 됩니다. 그러나 조건이 따라붙습니다. '이해'와 '자발성'입니다. 아무리 책을 많이 읽어도 이해하지 못하면 소용이 없습니다. 스스로 흥미로운 분야의 책을 골라 재미있게 읽을 줄도 알아야 해요. 주변에서 그래야 한다고 해서, 필독 도서나 추천 도서라고 해서 무작정 많이 읽게 하는 것은 책과 멀어지게 만드는 지름길입니다.

한 권을 읽더라도 제대로 읽기

율곡 이이가 쓴 《격몽요결》(을유문화사) 독서장에도 이런 내용이 나옵니다. "반드시 한 가지 책을 익혀 읽어서 그 의리와 뜻을 모두 깨달아 통달하고 의심이 사라진 후에야 비로소 다른 책을 읽을 것이고 여러 가지 책을 탐내서 이것저것 얻으려고 바쁘고 분주하게 섭렵해서는 안 된다."

책을 많이 읽으면 칭찬받던 기억이 있습니다. 교실 뒤쪽에 누가 더 책을 많이 읽었는지를 알려주는 독서 그래프가 있었어요. 한 권씩 읽을 때마다 스티커를 붙여서 친구들의 독서 현황을 한눈에 살필 수 있었죠. 한 달 동안 가장 많이 읽은 사람에게 독서왕 같은 상을 줬던 것 같습니다. 애초에 상에 관심 없는 친구들을 제외하면, 친구끼리 경쟁심이 발동해 서로 더 많이 읽으려고 애쓰곤 했지요. 꼼수도 부렸습니다. 글밥이 많은 책보다는 그림이 잔뜩 들어간 얇은 책을 골랐고, 가능한 한 빨리 눈으로 대충 훑어봤습니다. 책의 내용은 안중에도 없었어요. 얼마나 많이 읽느냐가 중요했으니까요. 독서 그래프의 길이가 우선이었습니다. 독서에 동기를 부여하려고 진행한 이벤트였을 테지만, 효과는 글쎄요.

문해력을 높이려면 이렇게 읽어야 한다, 저렇게 읽어야 한다, 저마다 주장합니다. 다양한 독서법 중에서 이건 맞고, 저건 틀리다, 구분 짓기도 합니다. 사실, 크게 의미가 없습니다. 오히려 이런 주장을 비판적으로 받아들여야 합니다. 여차하면 주객이 전도됩니다. 책을 거부하는 아이에게 책 읽기를 강요하고 많이 읽으라고 닦달하는 순간, '책=꼴도 보기 싫은 물건'이 됩니다. 부모의 잔소리에 읽는 흉내만 내는 가짜 독서만 할 가능성이 큽니다.

다양한 독서법의 정의를 정확하게 알아두는 것도 도움이 됩니다. 정독精讀은 뜻을 새겨 가며 자세히 읽는 것을 말합니다.

속독速讀은 빠른 속도로 읽어 나가는 방법을 뜻해요. 음독音讀은 소리 내어 읽는 방법, 묵독默讀은 소리를 내지 않고 속으로 글을 읽는 방법을 가리킵니다. 숙련된 독서가가 되면 책을 읽는 목적과 상황, 필요에 따라 알맞은 방법을 선택해 읽을 줄 알게 됩니다.

정독의 힘

읽는 즐거움을 문해력 향상으로 이어지게 하는 방법은 '정독'입니다. 정독은 읽기의 기본입니다. 글을 꼭꼭 씹어서 소화하는 것과 같아요. 한 번에 먹을 수 있는 적당한 양을 꼭꼭 씹어 삼키면 소화 기능이 좋아집니다. 식사 시간을 정해 규칙적으로 먹다 보면 좋은 식습관도 기를 수 있죠. 한 번 형성된 좋은 습관은 평생을 갑니다. 어떤 글이든 이해할 '글 소화력'이 생깁니다.

다만, 그전까지는 글, 책과 친해지는 게 먼저입니다. 책에 대한 긍정적인 감정이 생긴 후에야 여러 종류의 책을 즐겨 읽는 과정을 통해 자신의 관심과 흥미를 발견하고 재미를 느낄 수 있습니다. 읽는 재미를 느껴야 잘 읽을 수 있어요. 잘 읽어야 문해력이 좋아집니다. 문해력은 얼마나 많이 읽느냐가 아니라 얼마나 제대로 이해하느냐에 달려있거든요.

인공지능 시대,
굳이 책을 읽어야 할까?

미국의 인공지능^{AI} 개발사인 오픈AI에서 만든 대화형 AI 서비스 '챗GPT'가 공개되자, 전 세계가 들썩였습니다. 공개한 지 5일 만에 이용자가 100만 명을 돌파할 만큼 관심이 집중됐어요. 이용자 100만 명에 도달하기까지 인스타그램은 2.5개월, 페이스북은 10개월, 넷플릭스 3.5년이 걸린 것과 비교하면, 챗GPT의 인기가 어느 정도인지 실감할 수 있습니다.

챗GPT의 '챗^{Chat}'은 대화를 뜻합니다. 'GPT^{Generative Pre-trained Transformer}'는 사전 훈련을 통해 문장을 생성할 수 있는 언어 모델을 의미합니다. 어떤 단어를 주었을 때 뒤에 어떤 단어가 오는 게 적절한지를 예측할 수 있어요. 챗GPT는 다양한 분야의 빅데이터를 미리 학습하고, 이를 기반으로 사용자가 원하는 답변을 도출해내는 생성형 AI 언어 모델입니다.

사용 방법은 간단합니다. 대화창에 '질문'을 입력하면 됩니다. 그러면 챗GPT는 질문하는 상대의 의도와 말의 문맥을 파악하고, 이전에 나눴던 대화 내용까지 고려해 답변을 내놓습니다. 사용자가 잘못된 답변이라고 지적하면 이를 인정할 줄 알고, 반대로 사용자의 질문이 부적절할 때는 답변을 거부하기도 합니다. 우리가 일상에서 대화를 나누는 것과 크게 다르지 않아요. 무척 자연스럽습니다. 이것이 가능한 이유는 인간이 직접 트레이너가 돼 피드백하면서 챗GPT의 능력을 최적화했기 때문인데요. 이를 '인간의 피드백을 활용한 강화학습'이라고 합니다.

챗GPT는 만능 AI인가

챗GPT의 등장은 말 그대로 혁명에 가깝습니다. 단답형이던 기존 챗봇과 달리 어떤 주제의 질문에도 답변을 척척 내놓기 때문이죠. 단 몇 초면 충분합니다. 그래서일까요? 처음 챗GPT를 접한 후 시간 가는 줄 모르고 대화를 나눴다는 이가 적지 않습니다. 활용 범위도 무궁무진합니다. 질문에 대한 답변뿐 아니라 창의적인 아이디어, 문제 해결 방법을 제시하는 능력까지 갖췄음을 확인했기 때문입니다.

누군가는 말합니다. 이제 책을 읽지 않아도 되겠다고요. 궁금한 게 생길 때마다 챗GPT에게 물어보면 되는데, 군이 책을 읽어야 할 이유를 모르겠다면서요. 하지만 챗GPT의 답변을 곧이곧대로 믿어서는 안 됩니다. 한계가 존재하기 때문이죠. 챗GPT 사이트에서도 이렇게 안내하고 있습니다.

챗GPT는 때때로 잘못된 정보, 유해하거나 편향적인 정보를 제공할 수 있습니다.

챗GPT가 잘못된 정보나 허위 정보를 마치 진실인 양 자신 있게 답변하는 문제를 '할루시네이션Hallucination(환각)'이라고 하는데요. 전문가들은 챗GPT가 제시하는 정보를 맹목적으로 신뢰해서는 안 된다고 경고합니다. 오류가 없는지, 틀린 내용이 없는지를 가려내 비판적으로 받아들여야 한다고 강조합니다. 한마디로, 가짜 정보를 가려낼 줄 아는 능력이 중요하다는 이야기입니다.

질문하는 능력 중요해져

AI 시대, 미래 사회가 요구하는 인재의 역량은 무엇일까요? 교육 전문가들은 입을 모아 '질문할 줄 아는 능력'을 꼽습니다. 원하는 정보나 지식을 누구나 얻을 수 있는 시대, 관건은 '어떤 질문을 하느냐'에 달렸습니다. 어떤 질문을 하느냐에 따라 답변의 내용도 깊이도 달라지기 때문이죠. 챗GPT로 대표되는 AI 도구를 똑똑하게 활용하기 위해서도 질문하는 능력은 필수입니다. 질문을 잘해야 원하는 답을 얻고, 내용을 재구성해 내 것으로 만들 수 있습니다.

기자의 일은 질문의 연속입니다. 특히 인터뷰가 그렇습니다. 먼저 인터뷰의 목적과 특정 인터뷰이를 취재해야 하는 이유를 생각합니다. 인터뷰를 통해 어떤 이야기를 듣고 싶은지도 함께요. 그런 다음 인터뷰이에 대해 공부를 시작합니다. 저서, 기사, 개인 SNS까지 인터뷰이를 알 수 있는 정보라면 가리지 않고 읽습니다. 그동안 어떤 활동에 주력했는지, 최근 행보는 어땠는지도 파악해요. 인터뷰이에 대해 충분히 알고 나면, 그제야 질문할 거리가 생깁니다. 알아야 질문할 수 있습니다.

질문은 촘촘해야 해요. 간결하지만, 구체적이어야 하죠. 실제 인터뷰하는 시간보다 더 긴 시간을 질문을 뽑아내는 데 할애하곤 합니다. 그래야 인터뷰이에게 다양하고 유의미한 이야기를 들을 수 있거든요. 아무리 글을 잘 쓰는 기자도 글의 소스가 부족하면 좋은 글을 쓰기 어렵습니다.

인터뷰를 진행할 때 태도도 중요합니다. 인터뷰이가 편안함을 느끼게 해야 합니다. 가까운 사람과 대화하듯 말이죠. 인터뷰하는 중간중간, 당신의 이야기에 귀를 기울이고 있다, 당신의 이야기에 공감한다는 제스처도 잊지 않아야 해요. 누군가가 자신의 이야기에 관심을 가지고 경청하고 있다고 생각하면, 더 많은 이야기를 들려주고 싶은 마음이 들게 마련이니까요.

질문 능력 키우는 법

질문하는 능력은 어떻게 키워야 할까요? 기자가 인터뷰하는 과정에서 그 실마리를 발견했습니다. 우선 자신이 원하는 걸 알아야 합니다. 어떤 것을 대할 때 흥미가 생기는지, 무엇을 접했을 때 더 알고 싶은 마음이 생기는지 '스스로' 생각하고 알아갈 시간이 필요합니다. '탐색'의 시간이죠. 기자가 인터뷰할 대상을 찾는 것처럼요.

원하는 것, 좋아하는 것을 찾았다면 배워야 합니다. 기본 지식을 쌓아야 해요. 인터뷰이에 대해 공부하듯이 말이죠. 지식을 습득하고 이해해 내 것으로 만드는 방법으로는 책 읽기만 한 게 없습니다. 그래서 '문해력'이 중요합니다. 충분히 알고 나면 궁금증이 생깁니다. 우리 주변에서 일어나는 일들에 관심을 두고 '왜?'라고 질문하기 시작하는 거죠. 인터뷰이에게 질문할 거리가 마구 떠오르는 순간입니다. 이때 깊이 생각하는 힘, '사고력'이 작동합니다. 또 질문에 대한 답을 찾기 위해서는 '공감 능력'과 '소통 능력'이 뒷받침해야 합니다. 인터뷰이를 만나 대화를 통해 편안한 분위기와 공감대를 형성한 후에야 원하는 답변을 들을 수 있는 것처럼요.

미래 교육 전문가들도 말합니다. AI 시대에는 기계와 차별되는 인간만이 가진 고유한 역량을 지닌 인재가 주목받을 것이라고요. 기술로 대체할 수 없는 인간 고유의 능력을 강화해야 한다는 이야기입니다. 특히 기본을 강조하는데요. 사고력과 창의력, 공감과 소통, 인문학적 소양 등이 그것입니다. 이런 역량은 결국, 독서와 다양한 경험을 통해 길러집니다.

챗GPT에게 물었더니…

챗GPT에게 질문했습니다. 'AI 시대에도 책을 읽어야 하는 이유는 뭘까?'라고요. 그랬더니, 이런 답변을 주더군요.

인공지능이 발전하고 더 많은 정보를 제공하더라도 책을 읽는 것은 여전히 중요한 이유가 있습니다. 인공지능은 빠른 정보 검색과 처리, 데이터 분석, 자동화된 작업 등에서 큰 도움을 주지만, 여전히 책을 읽는 것에는 많은 장점이 있습니다. 인공지능 시대에도 책을 읽어야 하는 이유 몇 가지를 나열해보겠습니다.

① 깊은 이해와 분석

책은 주제에 대해 더 깊이 있는 이해와 분석을 제공합니다. 인공지능은 정보를 제공할 수 있지만, 인간의 사고 과정과 직접적으로 연결되는 경험을 제공하지는 못합니다. 책을 읽으면 여러 시각과 주장을 이해하고, 그것들을 비교하며 독립적인 사고를 할 수 있습니다.

② 비판적 사고와 분석 능력 강화

책을 읽으면서 글의 내용을 비판적으로 생각하고 분석하는 능력이 강화됩니다. 인공지능은 주로 주어진 데이터를 기반으로 판단하지만, 사람은 다양한 시각과 감정을 고려하여 판단할 수 있습니다.

③ 창의성과 상상력 유발

책은 상상력을 자극하고 창의력을 키워줍니다. 이야기 속 상황, 캐릭터, 배경 등을 상상하며 독자만의 고유한 세계를 만들어내는 과정은 인간의 창의력을 발전시키는 데 도움이 됩니다.

④ 문화적인 이해와 인간적 가치 강화

문학 작품은 다양한 문화와 인간의 감정, 가치에 대한 이해를 돕습니다. 인공지능은 데이터 기반의 처리에 뛰어날 수 있지만, 인간적인 면과 감정적인 측면을 완전히 이해하거나 재현하기는 어렵습니다.

⑤ 비디오나 오디오보다 깊은 학습

비디오나 오디오 자료는 시각적이고 청각적인 정보를 전달할 수 있지만, 책은 텍스트를 통해 추상적인 개념과 논리적인 사고를 전달할 수 있습니다. 이는 깊은 학습과 인지적인 발전을 촉진합니다.

⑥ 정보의 다양성

책은 저마다의 저자, 스타일, 시대적 배경을 가지고 있어 다양한 시각과 정보를 제공합니다. 이는 특정 플랫폼이나 알고리즘에 의존하지 않고 다양한 정보를 습득하는 데 도움이 됩니다.

⑦ 스트레스 완화와 휴식
디지털 환경에서 지속적으로 정보에 노출되는 것은 스트레스를 유발할 수 있습니다. 책을 읽으면서는 디지털 장치를 떠나 휴식을 취할 수 있으며, 더 풍부하고 집중적인 경험을 얻을 수 있습니다.

⑧ 집중력과 주의력 강화
인공지능 시대에는 정보가 빠르게 전달되고 요약되는 경향이 있지만, 이는 주의력을 흩뜨릴 수 있습니다. 책을 읽으면 긴장감을 유지하며 집중력을 향상시키는 훈련이 가능합니다.

⑨ 자아 계발과 지식 확장
독서를 통해 새로운 지식을 습득하고 새로운 아이디어를 발견할 수 있습니다. 지식의 확장은 개인적인 성장과 자아 계발에 큰 영향을 줄 수 있습니다.
요약하자면, 인공지능이 발전하더라도 책을 읽는 것은 깊은 학습, 분석력, 창의력, 문화 이해, 집중력 강화 등 다양한 면에서 여전히 중요한 가치를 가지고 있습니다. 책은 인간적인 경험과 사고를 풍부하게 만드는 유용한 도구입니다.

❋ 3부 ❋

문해력 호기심을 깨우는 세 가지 태도 1 : 읽는 태도

읽는 태도를 깨우는 부모의 사소한 습관

책을 아이의 가장 친한 친구로 만들어 주는 일은 생각보다 녹록지 않습니다. 자주, 많이, 꾸준히 책을 경험하게 하는 방법밖에 없기 때문입니다. 그래서 자꾸 마음이 조급해집니다. 책을 읽는다고 해서 갑자기 자기주도학습 능력이 생긴다거나 눈에 보일 정도로 성적이 오르지는 않으니까요. 부족한 교과목 성적을 올리기 위해서는 (남들이 말하길) 잘 가르친다는 학원을 수소문해 등록하는 게 현실적인 대안이라고 생각할지도 모릅니다. 가성비가 떨어지는 일에 시간과 노력을 들이느니, 차라리 사교육의 힘을 빌려서라도 집중적으로 투자해 만족할 만한 결과를 얻어내는 게 낫겠다고 생각할지도요. 하지만 그렇게 얻은 영광(?)은 오래가지 않습니다. 머지않아 바닥을 드러내게 돼 있습니다. 왜 그럴까요?

공부의 기본은 교과서입니다. 교과서부터 읽고 이해해야 성적도 잘 받을 수 있습니다. 교과서의 내용을 이해하지 못하면 시험에서 높은 점수를 기대하기 어렵습니다. 초등학교 때까지야 사교육에 기대 어찌어찌 원하는 만큼의 결과를 얻을 수 있겠지만, 학년이 올라갈수록 무너지기 쉽습니다. 교과서는 뒷전에 두고 사교육을 통해 선행과 문제집 풀이에만 매달리는 방식에는 한계가 있습니다. 학교 시험이나 대학수학능력시험 문제가 어디에서 출제되는지를 생각하면 답이 나옵니다.

수능 만점자들과 우등생들이 언론 인터뷰를 통해 공개한 학습법을 살펴봐도 '교과서 공부'가 빠지지 않습니다. 과장을 조금 보태 교과서를 달달 외울 정도로 여러 번 읽고 또 읽었다고 말합니다. 뭔가 대단한 비법을 기대했다면 실망했을지도 모르지만, 기본이 중요하다는 사실을 방증한 셈입니다.

여기서 주목해야 할 부분은 교과서 공부도 결국, 문해력이 뒷받침해야 한다는 점입니다. 읽고 이해하는 능력, 문해력이 학습능력과 상관관계가 높은 건 익히 알려진 사실이죠. 문해력을 높이려면 읽어야 합니다. 읽기 경험을 차근차근 쌓아야 이해하는 능력도 자랍니다. 다양한 읽기 경험을 더할 방법으로 책 읽기만 한 건 없습니다.

무엇보다 중요한 건, 마음가짐

어떤 일을 새로 시작할 때 가장 중요한 것은 무엇일까요? 바로 마음입니다. 낯설지만, 도전해보고 싶은 마음, 나도 할 수 있겠다는 마음, 새로운 것을 궁금해하는 마음…. 마음이 동해야 몸이 움직입니다. 독서도 마찬가지예요. 먼저 책을 읽고 싶은 마음이 들어야 합니다. 자꾸 눈길이 가고 왠지 모르게 재미있어 보여서 '나도 한 번 읽어볼까?'라는 마음이 들 때, 아이를 책의 세계로 이끌 수 있습니다. '읽는 태도'를 키우는 첫걸음도 이 마음에서 비롯합니다.

하지만 이런 마음은 하루아침에 생기지 않아요. 마음을 움직인 결정적인 이유도 아이마다 다르고요. 주변에서 추천하는 방법이 우리 아이에게는 통하지 않을 가능성도 큽니다. '이렇게 했더니 독서교육 성공했다더라.'라는 말만 믿고 며칠 시도했다가 아이의 반응이 시큰둥하다고 포기해버리는 일을 반복해서는 안 됩니다. 시작하기도 전에 부모도, 아이도 지치기 쉽습니다.

독서는 일상입니다. 기분 좋은 날, 내키는 날, 하기 싫지만, 해야 하는 날…. 날을 잡아서 큰맘 먹고 하는 이벤트가 아닙니다. 읽는 태도를 길러주려는 부모의 노력도 다르지 않아야 합니다. 아이가 책에 스미게 해야 합니다. 그러려면 먼저 내 아이를 관찰하는 습관을 들여야 해요. 책을 대하는 아이의 마음이 어떤지, 어떤 책을 읽을 때 눈이 반짝이는지, 서점에서 가장 먼저 어떤 책을 집어 드는지, 어떤 주제에 관해 이야기 나눌 때 수다스러워지는지를 알아야 합니다. '지피지기'라는 말처럼 아이를 알아야 아이의 마음을 '공략'할 수 있습니다.

아이의 읽는 태도를 깨우는 부모의 사소한 습관을 소개합니다. '사소한'이라고 이름 붙인 이유는 이미 우리가 하고 있는 것들이기 때문이에요. 평소처럼 아이와 눈을 맞추고 대화하고 시간을 함께 보내면서 '책'과 '독서'를 살짝 곁들이기만 하면 됩니다. 매일 하나씩만 실천해보세요. 하루, 하루, 아이에 대한 데이터를 쌓아가다 보면, 읽는 태도를 키우는 전략 세우기가 무척 수월할 거예요.

부모의 불안 내려놓기

불안을 내려놓는 연습부터 해야 합니다. 나쁜 감정은 없다고 하지만, 불안은 부모의 시선을 옆집으로 돌리게 만듭니다. 옆집 아이가 어땠다더라 하는 말에 귀를 기울이다 보면 조바심이 생겨요. '옆집 아이는 잘만 한다는데, 왜 내 아이는…?' 비교하게 됩니다. 앞서 설명한 것처럼 내 아이를 알아야 내 아이의 마음도 공략할 수 있어요. 아이의 마음을 움직여야 읽는 태도도, 나아가 문해력도 길러 줄 수 있습니다. 옆집 아이가 아무리 잘한다고 한들, 옆집 부모가 실천한 방법이 내 아이에게 들어맞는다는 보장은 없어요. 무작정 따라 하다가는 불안한 마음만 커집니다. 불안은 우리 아이를 위한 선택을 방해하는 감정입니다. 불안을 내려놓아야 제대로 보입니다. 부모의 시선이 아이에게 향할 때, 제대로 볼 수 있습니다.

관찰하기

아이의 일상생활을 관찰하세요. 아이의 시선이 어디에 머무르고, 손길이 어디에 가닿는지, 마음이 어디를 향해 있는지를 살펴야 합니다. 아이의 관심사와 흥미를 알 수 있으니까요. 관심사와 흥미는 아이가 좋아할 만한 책을 고르는 단서가 됩니다. 관심사와 흥미를 알아챌 수 있는 가장 쉬운 방법은 '놀이'입니다. 여러 가지 놀잇감 중에서 어떤 것을 선택하는지, 공룡, 자동차, 괴물, 공주 등 특히 어떤 주제에 관심을 보이는지를 눈여겨

봐주세요. 아이의 취향을 알아야 아이가 좋아하는 '한 권의 책'을 찾을 확률이 높아집니다.

아이의 관심 대상에 공감하기

처음 만나는 사람과 '통한다'고 느끼는 순간이 언제일까요? 아마도 서로의 공통점을 발견했을 때일 겁니다. 데면데면한 사이라도 공통분모를 찾는 순간, 대화가 물 흐르듯 이어지는 것처럼요. 아이와 통하는 순간을 만들어 보세요. 그리 어렵지 않습니다. 가령, 이런 식이에요. 자동차 장난감으로 놀이하는 아이에게 묻는 겁니다. "다른 장난감도 있는데, 왜 자동차가 좋아?" 그러면 아이는 자기 생각을 이야기할 거예요. 그냥 좋다든지, 멋있어서 좋다든지, 바퀴가 굴러가는 게 신기하다든지 하면서요. 이때 공감을 표현하세요. "그렇구나. 엄마는 우리 ○○가 왜 그렇게 자동차를 좋아하는지 궁금했거든. 네 말을 들어보니까, 이제 알 것 같아." 여기서 한 걸음 더 나아가는 겁니다. "엄마한테 장난감 움직이는 방법 알려줄 수 있어? 재미있게 노는 거 보니까 엄마도 궁금해졌거든." 자기가 좋아하는 대상에 관심을 보이는 부모의 모습에 시큰둥한 반응을 보일 아이는 없습니다. 이때 부모의 어릴 적 경험을 이야기해주는 것도 좋아요. 엄마,

아빠도 나처럼 좋아하는 게 있었구나, 하면서 아이도 부모의 이야기에 공감할 수 있거든요.

화제 전환하기

특정 분야나 대상에 관심, 흥미가 집중돼 있을 때 흔히 '꽂혀 있다.'라고 말합니다. 꽂힌 사람은 어딜 가든, 무엇을 하든, 자신의 관심사를 귀신같이 발견합니다. 중장비를 좋아하는 한 아이는 놀이터에서 신나게 미끄럼틀을 타다 가도 중장비가 이동할 때 나는 특유의 소리가 들리면 두리번거립니다. 부모에게는 지나가는 차 소리로 들렸을 뿐인데 말이죠. 이렇게 관심사가 명확한 아이를 책으로 끌어들이는 일은 생각보다 쉽습니다. 중장비를 주제로 한 책을 준비하는 겁니다. 그리고 살짝 화제를 전환하세요. "혹시 그거 알아? 네가 좋아하는 중장비를 한곳에 모아놓은 그림책이 있대. 궁금하지 않아? 우리 같이 읽어볼까?" 장난감 놀이에 푹 빠져서 바로 관심을 보이지 않아도 괜찮습니다. 아이의 마음을 인정해주세요. 그럴 땐, "지금 무척 재미있나 보다. 다음에라도 궁금해지면 언제든지 말해 줘. 여기, 보이지? 네 손이 닿는 곳에 놓아둘게."라며 여지를 남기세요.

있는 듯 없는 듯 노출하기

마음의 준비가 안 된 아이에게 다짜고짜 책을 들이밀어서는 안 됩니다. 책을 좋아했으면 좋겠다는, 책을 잘 읽었으면 하는 부모의 욕심을 드러내는 것도 말리고 싶어요. 대신 아이가 관심을 가질 만한 책을 골라 집안 곳곳에 놓아주세요. 눈길이 닿는 곳마다 책이 보이고, 손길이 닿는 곳마다 책을 만질 수 있게요. 초등 저학년이라면, 책을 장난감 삼아 노는 것도 방법입니다. 미니멀리즘은 잠시 내려놓기를 추천합니다. 아이의 눈이 번쩍 뜨이는 책을 만나려면, 있는 듯 없는 듯, 일상에서 책을 가까이 할 수 있는 기회를 만들어야 합니다. "어? 이게 뭐야?" 호기심 가득한 이 한마디를 듣기 위해서요.

도서관(서점) 사전 답사하기

아이의 관심과 취향, 좋아하는 것에 대한 정보가 어느 정도 모였다면 도서관이나 서점으로 향해야 할 때입니다. 사전 답사 시간이에요. 우선 아이 없이 혼자 가보기를 추천합니다. 우리 아이 연령대를 대상으로 한 책을 한번 쓱 훑어보고, 어떤 책이 인기가 많은지도 살펴보세요. 책 표지, 제목, 그림을 살피다 보면, 아이가 좋아할 만한 책을 발견할 수 있을 거예요. 도서 검색대도 적극적으로 이용하세요. 키워드를 검색하면 관련 주제와 내용을 담은 책 리스트를 확인할 수 있습니다. 조금 번거롭기는 하지만, 가능하면 한 권, 한 권, 들춰보면서 우리 아이가 좋아할 만한 요소가 있는지를 살펴봐 주세요. 도서관의 큐레이션 프로그램을 활용해도 좋습니다. 요즘 도서관은 큐레이션을 정말 잘해요. 주제를 정해 관련 책을 소개하고, 간단하게 해볼 수 있는 활동지도 제공합니다. 사서 선생님들과 독서교육 전문가, 작가 등이 머리를 맞대고 준비한 다양한 프로그램도 마련돼있어요. 아이를 도서관과 서점으로 이끌기 위해서는 부모인 우리 먼저 이 공간에 익숙해져야 해요.

아이 옆에서 책 읽기(연기하기)

아이에게 책을 접하게 해줄 가장 좋은 방법은 부모가 책 읽는 모습을 보여주는 겁니다. 하지만 쉽지 않아요. 바쁜 일상에서 시간을 쪼개 차분히 책을 읽기란 그리 쉬운 일이 아닙니다. 자, 이제 연기력이 필요한 순간입니다. 아이들의 시선은 늘 부모를 향해 있습니다. 자기 일에 몰두하는 듯 보이지만, 부모가 어디에 있는지, 무엇을 하는지, 어떤 말을 하는지 살핍니다. 이 틈을 공략해야 해요. 책 읽는 모습을 보여주세요. 실제로 책을 읽지 않더라도, 책을 펼치고 몰두하는 모습을 보여주세요. 어떤 책이든 상관없습니다. 조용히 책을 읽고 있는 부모의 모습을 발견한 아이는 어느새 곁으로 다가옵니다. 궁금하거든요. 엄마, 아빠가 보는 것이 무엇이기에 그렇게 집중하고 있는지 호기심이 발동하는 거죠. 그만 읽고 놀아달라고 떼를 부릴지도 몰라요. 그럴 땐, 태연하게 말해 주세요. "아, 아쉽다. 정말 재미있는 부분이었는데…. 이따가 다시 읽어야겠다. 우리 뭐 하고 놀까?"

아이와 함께 서점(도서관) 구경하기

아이와 함께 서점, 도서관에 갈 때는 놀러 간다고 생각하면 좋겠어요. 어떤 장소든 익숙해질 시간이 필요합니다. 아이에게 충분히 탐색할 시간을 주세요. 요즘 서점은 책만 살 수 있는 곳이 아닙니다. 아이들이 좋아하는 장난감, 문구류, 뽑기 기계 등이 가득합니다. 책은 안중에도 없을 가능성이 커요. 장난감을 사달라고 조를지도 모릅니다. 서점 나들이가 기대하지 않은 방향으로 흘러갈지라도 한 가지만 기억해주세요. 아이에게 서점은 즐거운 곳이라야 합니다. 타협할 수 있는 선에서 한 가지 정도는 허락하고, 미리 봐두었던 책을 아이가 즐거운 마음으로 받아 들 수 있게 해주세요. 우리가 아이와 서점에 가는 이유는 자신이 원하는 책을 고르는 방법을 알려주기 위해서입니다. 아이가 독서의 주도권을 갖도록 이끌기 위함입니다. 도서관의 경우, 서점과는 사뭇 다른 분위기에 거부감을 가질 수도 있어요. 서가마다 빽빽하게 꽂힌 책, 적막할 정도로 조용한 분위기에 압도당해 들어가자마자 나와야 할 수도 있습니다. 그래도 너무 조급하게 생각하지 마세요. 오늘은 회원증 만들기, 다음에는 집에서 읽던 책 찾아보기, 그다음에는 책 한 권 함께 읽기, 이후에는 직접 대출하기…. 긍정적인 경험, 좋은 기억을 차곡차곡 쌓아가는 것을 목표로 하면 좋겠습니다.

책을 원작으로 한 다른 형태의 콘텐츠 접하기

읽는 태도를 깨우는 방법으로 꼭 책만 고집하지 않아도 괜찮습니다. 책으로 이어지는 다른 형태의 콘텐츠를 먼저 접하는 것도 방법이에요. 공연, 뮤지컬, 전시, 체험 활동 등 책을 원작으로 제작한 콘텐츠가 다양하거든요. 아이의 선호에 따라 선택하고 경험하게 한 후 원작을 찾아보는 겁니다. 책으로 넘어가는 '징검다리'인 셈이죠. 아이들은 자기가 아는 것들에 관해 이야기하는 걸 즐깁니다. 어깨를 으쓱하면서요. 내용을 이미 알고 있는 아이는 책 표지만 봐도 눈을 반짝입니다. 함께 책을 읽다 보면 뒷이야기를 말하고 싶어서 어쩔 줄을 몰라 하기도 하고요.

아이가 책에 빠져드는 순간 찾기

같은 책을 읽어도 사람마다 감동 포인트가 다릅니다. 누군가는 현실감 가득한 스토리에 매혹되고, 다른 누군가는 주인공의 상황과 감정에 공감해 책에 빠져듭니다. 성향에 따라, 현재 자신이 처한 상황에 따라, 관심사에 따라 달라져요. 같은 주제를 다룬 책 중에도 백과사전식으로 구성하는 것이 있는가 하면, 이야기를 중심으로 풀어내기도 하니 어떤 책을 읽었을 때 재미를 느끼는지 살펴야 합니다. 아이와 책을 읽을 때 특히 눈여겨봐야 할 부분이 바로 이 '포인트'예요. 포인트 하나만 제대로 발견하면 앞으로의 독서 여정이 조금 수월해집니다. '잘 먹혔던 순간', 이 포인트들을 모아 보세요. 아이의 독서 취향을 파악하고 읽는 태도를 깨우는 만능열쇠가 될 거예요.

지금 당장 도서관으로 달려가야 하는 이유

마음에 품고 있는 버킷리스트가 있습니다. 책으로 가득 찬 나만의 서재를 갖는 겁니다. 여기에 더해 거실에도 읽고 싶은 책, 좋아하는 책으로 채우고 온 가족이 둘러앉아 책을 읽을 수 있는 널찍한 책상까지 놓아두고 싶어요. 퇴근 후 저녁 식사를 마치고 나서 책상에 앉아 책을 읽고, 글을 쓰고, 가족들과 하루를 어떻게 보냈는지 이야기도 나누고요. 이 야심 찬 계획에 가족들이 동의할지는 알 수 없지만요.

당장 나만의 서재를 가질 수는 없지만, '책 친화적'인 환경을 만들고 싶었습니다. 거실에 책장을 놓고 서재처럼 꾸미기 위해

골몰했어요. 집을 책 친화적인 분위기로 바꾸고 싶었던 이유는 딱 한 가지입니다. 더 많이, 자주 책에 노출할 환경을 만들기 위해서요. 아이뿐만 아니라 부모인 저도 책을 가까이할 수 있는 환경에 놓아두고 싶었거든요. 의식적으로 책 읽을 기회를 마련하기에는 환경을 바꾸는 방법이 가장 효과적이라고 판단했습니다.

그런데 쉽지 않더군요. 한정된 공간에서 우선해야 할 것은 로망 실현보다 실용성이었습니다. 거실을 서재로 만들려던 계획은 현실의 벽에 부딪혀 무산됐고, 거실이며 안방, 아이 방 할 것 없이 여기저기에 책을 쌓아두는 것으로 아쉬움을 달랠 수밖에 없었습니다.

책 읽을 공간을 찾아서

'맹모삼천지교'에 얽힌 이야기가 생각났습니다. 맹자의 어머니가 맹자의 교육을 위해 세 번이나 이사를 감행한 이유는 '환경' 때문이라고 하는데요. 그만큼 사람이 성장하는 데 있어서 주변 환경이 중요하다는 이야기입니다. 우리도 맹자의 어머니처럼 자녀 교육을 위해서라면 (마음 같아서는) 뭐든 할 수 있겠지만, 현실적으로는 결코 쉽지 않습니다. 그렇다고 낙심하거나 포기할 수 있나요? 부담스러울 정도로 큰돈을 들여 이사하지 않고도, 인테리어를 바꾸지 않고도 아이가 좋은 환경에서 자랄 수 있게 궁리해야지요.

생각보다 가까운 곳에 그런 공간이 있습니다. 우리 아이들에게 긍정적인 영향을 주는 환경이 갖춰진 곳이요. 익숙해지고 나면 이보다 자유롭게, 마음껏 책을 즐길 수 있는 환경은 없습니다. 부모가 바라는 양질의 책, 그리고 아이가 원하는 재미있는 책이 한곳에 모여있는 곳. 기꺼이 책에 곁을 내어주는 사람들이 있는 곳. 독서에 몰입하는 모습을 볼 수 있는 곳. 원하는 만큼 책을 읽고 빌릴 수 있는 곳. 바로 도서관입니다.

자율성을 건드리는 공간

재미있는 연구 결과가 있습니다. 《회복탄력성》의 저자 김주환 연세대 교수가 한 방송에서 소개한 내용인데요. 아이들이 게임을 좋아하고 빠져드는 이유를 연구했더니, 억지로 시키는 사람이 없었기 때문이라고 해요. 아이들은 캐릭터부터 게임 전략까지 스스로 선택하고 바꿀 수 있는 매력에 푹 빠져 재미를 느끼고, 원하는 결과를 얻었을 때는 성취감과 만족감을 경험했습니다. 다시 말해, '내 맘대로 바꿀 수 있는' 느낌이 좋아서 게임을 좋아한다는 겁니다. '자율성'입니다. 자율성은 외부의 압박이나 강요에 의해서가 아니라 자기 행동과 계획을 스스로 선택하고 결정하는 것을 의미합니다.

게임을 싫어하게 만드는 방법은? 간단합니다. 김주환 교수는 "자율성을 뺏고 강제하면 된다."라고 말합니다. 정해진 교과목을 공부해 시험을 보고, 높은 성적을 받아야 한다고 끊임없이 잔소리하고, 원하는 성적이 나오지 않으면 학원에 보내는 무한 굴레를 반복하면 된다고요.

누가 시키지 않아도 책 읽기를 즐기는 아이로 성장하길 바란다면, '자율성'을 인정해주세요. 자율성은 읽는 태도에 영향을 줍니다. 눈길 가는 대로 책을 골라 읽고, 이게 아니다 싶으면 다시 고르는 과정을 아이가 주도적으로 할 수 있게 해야 합니다. 책을 직접 선택하다 보면 자신의 관심사, 흥미 같은 것들을 발견하는 계기가 되기도 해요. 지금 자기에게 필요한 내용이 무엇인지, 궁금한 것들에 대해 알아가는 과정이기도 하고요. 수많은 책 사이에서 '나만의' 책을 고르는 과정은 그 자체로 '나'를 알아가는 여정입니다.

그러기 위해서는 선택지가 다양해야겠지요? 아무래도 집은 한정적입니다. 각종 추천 도서, 권장 도서, 전집까지 부모의 선택이 주를 이룰 테니까요. 아무리 들여다봐도 끌리지 않는 것만 가득한 공간에서는 선택에도 한계가 있을 수밖에 없습니다. 이런 아쉬움을 해결하고 아이에게 자율성의 맛을 알게 할 장소, 도서관으로 달려가야 하는 이유입니다.

애쓰지 않고
유혹하는 법

특별한 일이 없다면, 매주 주말의 하루는 아이와 도서관에 갑니다. 우리만의 주말 루틴입니다. 한 주라도 거르고 나면 이상하리만큼 기분이 묘합니다. 어쩐지, 해야 할 일을 빼먹은 느낌이랄까요. 그렇다고 도서관에 간다고 해서 뭔가 거창하고 대단한 걸 하는 것도 아닌데 말이죠. 돌아오는 길에는 뿌듯함이 밀려옵니다. 아이와 도서관 길을 걸으면서 길가에 피어 있는 꽃도 보고 하늘도 올려다보면서 평일에는 알아채지 못했던 계절의 변화를 느끼고, 평일에 못다 나눈 이야기를 나누면서 한 주를 마무리할 수 있다는 점도 참 좋습니다.

이런 좋은 감정이 아이에게도 오롯이 전해진 모양입니다. 도서관 나들이에 나선 지 한 달 무렵 어느 목요일. 나란히 누워서 동화책을 읽고 있는데, 갑자기 벌떡 일어나 이런 말을 하는 겁니다.

"맞다! 엄마, 두 밤만 자면 우리가 제일 좋아하는 날이잖아. 그렇지? 우리 얼른 자자. 그래야 토요일이 빨리 오지."

처음에는 이 무슨 뚱딴지같은 소리인가 했어요. 주말은 늘 기다리지만, 이렇게 호들갑 떨 만큼 뭔가 특별한 걸 한 적이 없는데 하면서요. 그래서 물어봤습니다.

"이틀 후면 토요일이잖아. 주말은 푹 쉴 수 있으니까 당연히 좋은데, 왜 그렇게 기다려?"

"(버럭하며) 엄마! 그날은 도서관 가는 날이잖아. 우리 둘이 데이트하는 날. 그걸 잊은 거야?"

시무룩한 척하는 아이를 보고 웃음이 터졌습니다. 도서관과 친해지기 작전이 먹히고 있다는 신호가 틀림없었습니다. 엄마의 의도는 까맣게 모른 채, 아이는 '도서관 가는 날=엄마(아빠)와 데이트하는 날'로 기억했습니다.

저는 워킹맘입니다. 스스로 선택한 역할에 최선을 다하고 있지만, 부족투성이일 때가 잦습니다. 그래서일까요. 물리적인 시간이 부족한 평일은 어쩔 수 없지만, 주말만은 아이를 위해 무언가를 해야 한다는 강박이 생기더군요. 주말이 다가오면 남편과 머리를 맞댔습니다. 주말만이라도 아이와 다양한 추억을 쌓아야 한다는 심정으로요. 키즈카페, 공연장, 체험 활동 장소, 여행지 등을 물색해 아이가 좋아할 만한 곳으로 떠나기 위해서요.

다녀오고 나면 주말이 다 지나가 버렸어요. 체력도 고갈돼 월요일이 오지 않기만을 바랐습니다. 얼른 몸을 누이고 싶은데, 아이가 말을 듣지 않자 저도 모르게 짜증을 내고 있더군요. 속마음은 이랬습니다. '엄마가 이렇게까지 노력했는데, 인제 그만 자자.' 그렇게 주말을 보내던 어느 날, 문득 그런 생각이 들었습니다.

정말 아이를 위한 것이었을까?

부모의 죄책감을 털어내기 위한 면피용은 아니었을까?

언제까지 주말을 일회성 이벤트처럼 보내야 하는 걸까?

도서관 나들이를 하면서 방법이 보였습니다. 아이는 모든 걸 정서로 기억한다던 말, 정말이었어요. 큰맘 먹고 휴가를 내 놀이공원에 다녀왔을 때도, 새로 생긴 키즈카페에서 실컷 놀다 왔을 때도 고작 하루 이틀이면 여운이 사라졌는데 말이죠. (피로감과 근육통은 그보다 훨씬 오래 이어졌습니다.) 가볍게 산책하는 기분으로 쓱, 다녀왔을 뿐인데 아이는 주말만 손꼽아 기다리고 있었습니다.

궁금했습니다. 크게 애쓰지 않고도 아이가 도서관 나들이를 좋아하게 된 데는 분명 이유가 있을 테니까요. 지난 시간을 되돌아봤습니다. 집에서 도서관으로 가는 길, 도서관에서 집으로 오는 길, 그 사이 아이와 함께한 것, 본 것, 나누었던 대화까지. 곰곰 곱씹어봤더니, 애쓰지 않았던 게 그 이유더군요. 뭔가 특별한 걸 하려 애쓰지 않고 아이와 시간을 보내는 데만 의미를 뒀던 겁니다. (시간에 쫓겨 닦달하느라) 잔소리할 일도, (부모의 기대에 미치지 않아) 실망할 일도, (체력이 달리고 피곤해서) 짜증 날 일도 없었고요. 아이가 말하더군요.

"엄마, 우리 오늘 진짜 즐거웠지? 엄마가 좋아하는 커피, 내가 좋아하는 아이스크림도 먹고, 재미있는 책도 빌리고, 한 번도 안 혼나고."

긍정적인 경험이 긍정적인 정서로

"어떻게 매주 도서관에 가?"

주말에 아이와 뭘 하면서 보냈느냐고 묻는 지인들에게 도서관에 갔다고 말했어요. 그러면 놀랍다, 대단하다는 반응이 돌아옵니다. 저는 명함조차 못 내밀 만큼 아이들에게 다양한 경험의 기회를 주려고 노력하는 모습에 늘 본받아야지, 마음먹게 하는 분들인데 말이죠. 정말 별거 아닌 걸 하면서 칭찬 아닌 칭찬을 받으려니 그렇게 머쓱할 수가 없더군요.

고백하자면, 아이만을 위해 무언가를 꾸준히 해낼 자신이 없었습니다. 워킹맘에게 부족한 건 '시간'과 '체력'이잖아요. 회사, 집을 오가다 보면 나를 돌볼 시간도, 주변을 둘러볼 여유도 없는데, 스스로 몰아세우고 싶지 않았습니다. 욕심을 부리다가 여러 번 번아웃을 겪기도 했고요. 그래서 선택한 게 도서관 나들이였어요. 부담 없이, 스트레스 없이, 편한 마음으로 할 수 있을 것 같았거든요.

해보니 할 만했습니다. 아이랑 걸으면서 편의점에 들러 간식거리도 사고, 지나가는 길 중간에 보이는 놀이터에서 그네도 타고, 도서관에 갔다가 다시 돌아오는 여정이 생각보다 힘들지 않았어요. 집 앞 공원에 산책하러 나가듯, 그런 마음이었거든요. 목적지에 들러 책에 둘러싸여서 몇 권을 고르고, 몇 권을 읽다가 또 몇 권을 빌려서 돌아오는 것, 그것만 정했습니다. 이조차도 도서관에 익숙해진 후에 시도했던 것들입니다.

읽는 경험이 중요합니다

'도서관'이라고 하면 제일 먼저 떠오르는 이미지는 무엇인가요? 공부하는 곳, 떠들면 안 되는 곳, 책을 좋아하는 사람들만의 공간… 부모인 우리가 어렸을 때까지만 해도 도서관의 이미지는 정형화돼있었습니다. 하지만 요즘은 누구나 부담 없이 들를 수 있는 문화 공간으로 재탄생하고 있어요. 책을 빌리고 읽을 수 있는 공간이지만, 책'만' 읽는 곳은 아닙니다.

한 사서 선생님을 인터뷰한 적이 있습니다. 학교 도서관을 활용한 독서교육에 애쓰고 있는 분이었죠. 선생님이 운영하는 학교 도서관은 활기가 넘쳤습니다. 경직되고 적막한 도서관과는 거리가 멀었습니다. 쉬는 시간마다 학생들은 삼삼오오 도서관에 모여 수다에 빠졌어요. 이곳에서 수업도 진행됐습니다. 관심사에 맞춰 참여할 수 있는 다양한 프로그램도 운영했죠. 학생들이 도서관에 오지 않을 수 없게 만들었습니다. 이유가 궁금했습니다.

"도서관에서의 다양한 경험은 '읽는 사람'을 만들거든요."

아이와 도서관에 대한 기분 좋은 경험을 공유하세요. '도서관

=(도서관 근처 카페에서) 엄마와 함께 먹었던 달콤한 아이스크림', '도서관=아빠와 (도서관 가는 길에 있는) 새로 생긴 놀이터에서 신나게 놀기'처럼 아이가 도서관을 떠올렸을 때 즐거웠던 기억을 불러올 수 있게요. 도서관을 매개로 아이와 주고받은 긍정적인 정서는 책과 독서에 대한 긍정적인 인식으로 이어집니다. 아이를 도서관으로 유혹하는 방법은 생각보다 어렵지 않습니다.

아이의 기억에 저장될
첫 경험

아이가 초등학교에 입학하는 주말. 집 근처 도서관에 가기로 마음먹었습니다. 일상에서 아이의 읽는 태도를 깨우는, 사소한 습관들을 실천해왔고, 학교에 들어간 이때, 경험을 확장할 때가 됐다고 생각했거든요.

첫 도서관 나들이의 목표는 도서관 회원증 발급, 책 한 권 읽고 오기였어요. 뭐 이쯤이야, 목표랄 것도 없이 쉬울 줄 알았는데, 제 마음 같지 않았습니다. 산책길을 따라 신나게 킥보드를 탈 때까지만 해도 우리의 첫 도서관 나들이가 해피엔딩으로 끝날 줄 알았죠. 도서관에 들어서자, 그곳 특유의 적막하고 가라

앉은 분위기가 낯설었는지 아이의 표정이 굳어지기 시작했습니다. 유아·아동 자료실 이곳저곳을 살피더니 딱 한마디 던지더군요.

"우리 나가자!"

들어온 지 채 10분도 되지 않았는데, 30분 이상 거리를 되돌아가야 한다니! 아니, 여기까지 와놓고서 아무 소득(?) 없이 돌아가야 한다는 사실이 믿기지 않아 정말 나갈 거냐고 몇 번을 되물었는지 모릅니다. 그때 눈에 들어온 건, 우리 아이 또래의 다른 집 아이들이었습니다. 서가 곳곳을 누비면서 읽고 싶은 책을 골라와 자연스럽게 회원증을 내밀고 책을 빌리는 모습. 그 옆에 앉아 책을 읽는 아이들의 엄마는 또 어찌나 여유로워 보이던지요. 불쑥, 속상한 마음이 솟아올랐습니다. 진작에 자주 와서 도서관과 친해지게 할 걸, 후회도 했어요. 불안을 내려놓기로 그렇게 다짐하고 연습해놓고도 흔들리고야 말았습니다.

공짜 카드와 아이스크림

첫발은 중요합니다. 다음 발을 내디딜 수 있는 결정적인 경험으로 작용합니다. 첫 이유식을 먹일 때를 생각해 볼까요? 부모가 꼼꼼하게 식재료를 선별하고 소화하기 쉬운 크기로 다지고 완성된 이유식 온도를 확인한 후에야 아이에게 먹이는 이유는 처음 이유식을 접하는 아이가 거부감을 느끼지 않도록 하기 위함입니다. 첫 숟가락을 입에 넣은 아이의 표정과 행동, 식재료에 대한 알레르기 반응 등을 세심하게 살피는 것도 같은 이유에서죠. 이 첫 경험을 바탕으로 아이는 이유식을 정의하기 시작합니다. 앞으로 다양한 식재료를 즐거운 마음으로 맛볼 것인지, 아니면 의심의 눈초리로 겨우 한 숟가락 입에 넣을 것인지 말이죠. 그래서 처음은 중요합니다.

줄곧 익숙하고 편안한 집에서 책을 읽던 아이에게 도서관은 낯선 공간입니다. 뛰어다니는 게 일상인 유아, 초등 저학년생에게는 더욱 그렇습니다. 자기 키를 훌쩍 넘어서는 높은 서가는 어떻고요. 서가에 빽빽하게 꽂힌 책은 또 어떻고요. 어른도 처음 가는 공간에 익숙해지기까지 시간이 걸리는데, 하물며 아이들이야 말할 것도 없습니다.

첫 도서관 나들이는 도서관이라는 공간에 대해 아이 스스로 긍정적인 정의를 내릴 수 있게 돕는 것이 우선입니다. 책을 좋아하게 만들려면 책이 많은 곳으로 아이를 이끌어야 합니다. 수많은 책이 이렇게 너를 기다리고 있어! 하면서요. 아무리 집에 책이 많다고 한들, 이곳보다 많을 수는 없습니다. 또 집에는 부모가 골라주는 책과 어쩌다 한번 서점에 들러 고른 책이 주를 이룹니다. 그중에서 아이가 좋아하는 책 한 권을 발견하지 못했다면, 집에 아무리 책이 많아도 무용지물일 가능성이 큽니다.

그래서 아이의 첫 도서관 나들이는 어땠느냐고요? 다른 아이를 향했던 시선을 거두고 아이를 바라봤습니다. 주변 분위기에 압도당해 이러지도 저러지도 못하는 모습이 보였어요. 그런 아이의 마음을 읽어줬습니다.

"여기, 집이랑 많이 다르지? 너무 조용해서 조심스럽기도 하고 말이야. 우리 오늘은 회원증만 만들어 볼까? 회원증을 만들면 공짜로 읽고 싶은 책을 빌릴 수 있대. 얼른 만들고 여기 앞 카페에 가서 아이스크림 먹자!"

책은 돈을 주고 사야 하는 거라고 알던 아이는 '공짜로' 책을 빌릴 수 있는 카드를 준다는 말에, 눈을 반짝이더군요. 회원증 한 장에 책 다섯 권을 빌릴 수 있다고 했더니, 우리 가족은 세 명이니까 열다섯 권이나 빌릴 수 있다면서 내심 좋아하는 눈치였습니다. 도서관을 한 바퀴 돌아보고 나서 집으로 돌아오는 길, 아이스크림을 함께 먹었고요.

읽고 싶은 책 VS 읽었으면 하는 책

일주일 후 주말, 다시 도서관으로 향했습니다. 도서관에 대한 첫인상이 나쁘지 않았나 봅니다. 흔쾌히 따라나서더군요. 자료실로의 입성도 자연스러웠습니다. 첫날에는 보이지 않던 것들도 보였던 모양이에요. 색종이로 국수 만들기 활동을 하는 작은 부스에도 들렀습니다. 아이는 그제야 서가에 꽂힌 책으로 눈길을 주기 시작했습니다. 덩달아 저도 '아이가 읽었으면 하는 책'을 찾아 이쪽저쪽을 살폈습니다.

주변을 둘러보면, 아이가 '읽고 싶은 책'과 '읽었으면 하는 책'의 간극이 크다는 걸 알 수 있습니다. 부모는 '목적'을 생각하며 책을 바라봅니다. 한글을 떼지 못했을 때는 하루라도 빨리 한글을 익힐 수 있게 돕는 책을 고르고, 초등학교에 들어가면 독서가 중요하다고 하니 그림책보다는 글밥이 많은 책을 골라 아이에게 건넵니다. 공부와 성적이 중요해지는 시기가 되면 교과 지식을 습득할 수 있는 책으로 시선이 향하곤 합니다.

아이들은 다릅니다. (어른 눈으로 봤을 때) 특별한 목적이 없습니다. 대신 재미있는 것을 놓치지 않아요. (이것이 아이들의 목적이라고 볼 수 있겠죠?) 지나가다가 스치듯 본 것도 기가 막히게 기억해냅니다. 책을 고를 때도 마찬가지예요. 좋아하는 캐릭터가 주인공인 책, 영상 콘텐츠로 접한 스토리를 기반으로 한 책을 좋아할 수밖에요. 독서의 즐거움을 알기 전까지는 그림과 만화가 주를 이루는 책을 선호하는 이유입니다.

가족끼리 기분 좋게 서점에 갔다가 얼굴을 붉히는 걸로 마무리하는 건, 이 '간극'을 좁히지 못했기 때문입니다. 레퍼토리는 비슷합니다. 아이는 "사달라." 부모는 "이런 책을 돈 주고 사는 게 아깝다." 서로 주장하지요. 하지만 읽고 싶은 책과 읽었으면 하는 책 사이에서 실랑이하는 동안 아이의 마음에 부정적인 감정이 쌓인다는 걸 기억해야 합니다. 책이라고 하면, 자신의 선택을 존중받지 못한 서운함, 부모의 단호한 거절이 먼저 떠오를 테니까요.

도서관은 '본전'을 생각하지 않아도 괜찮습니다. 이것저것 내키는 대로 빌려서 읽어보고, 아니다 싶으면 반납하면 그만입니다. 어느 작가의 말처럼, 직접 책을 고르고 실패도 해봐야 좋은 책, 자기 취향의 책을 고를 줄 알게 됩니다. 반납 기한만 잘 지키면 일주일에 다섯 권씩, 가족 수에 따라 그보다 더 많이 빌릴 수 있는 점도 장점이죠. 이 공간을 적극적으로 이용하세요. 아이에게 마음껏 고를 기회를 주세요. 비록 부모의 눈에는 차지 않지만, 아이의 마음을 움직인 책을 건네받았을 때는 책장을 펼쳐 봐주세요. 어떤 재미 요소가 우리 아이의 마음을 빼앗은 건지 말이죠. 그리고 아이의 선택을 인정해주세요. 특히, 아이 스스로 선택한 첫 책이라면 부모의 첫 반응은 더욱 중요합니다.

"우와, 이 책은 어디에 있었던 거야? 아무리 봐도 안 보이던데! 엄청 재미있어 보인다. 읽고 나서 어떤 내용인지 말해줄래? 같이 읽어도 좋고!"

나만의 아지트를 찾아라

도서관은 다양한 공간으로 나뉘어 있습니다. 자료실과 열람실, 어린이실, 유아실 등 (도서관마다 명칭은 조금씩 다릅니다.) 이용자의 특성을 반영해 공간을 구성합니다. 분위기도 조금씩 달라요. 일반 자료실과 열람실은 중·고등학생부터 성인이 이용하는 곳이다 보니, 조용히 차분하게 책을 읽을 수 있습니다. 유아, 초등학생을 위한 유아실과 어린이실은 자유롭고 편안하게, 부모와 함께 책을 읽을 수 있는 곳입니다. 최근 지어진 도서관의 경우, 계단식 열람 공간을 마련한다던가 푹신한 소파와 쿠션을 비치해 안락함을 느낄 수 있는 곳도 있어요.

아이와 도서관에 갈 때마다 어린이실로 직행합니다. 이곳을 우리의 독서 아지트로 삼았어요. 딱딱한 의자에 앉아 공부하듯이 책을 읽기보다 집처럼 편안하게 느끼길 바랐거든요. 혼자 읽는 것보다 엄마, 아빠와 함께 읽는 걸 아이가 더 좋아하기도 하고요. 소리 내 책을 읽어줄 수도 있습니다.

이곳에서 책을 읽다 보면, 풉 하고 웃음이 터지는 순간들이 있어요. 같은 공간에 있는 아이들끼리 서로 무슨 책을 읽는지 궁금해서 힐끔거리는 모습, 한 쪽 귀를 열고 듣다 보니 재미있어서 친구가 다 읽을 때를 기다렸다가 반납하기 무섭게 책을 들고 오는 모습, 모르는 사이지만, 염치 불고하고 아예 곁에 앉아서 눈을 반짝이며 이야기를 듣는 모습, 그러다 아이들끼리 눈이 마주쳐 민망한 듯 함께 웃는 모습…. 재미있는 책과 편안한 분위기가 시너지를 일으키는 이곳이 아니라면 어디서 이런 흐뭇한 장면을 볼 수 있겠어요!

도서관에서 책을 즐길 수 있는 '아지트'를 찾아보세요. 자리가 불편하면 충분히 머물면서 책에 빠져들기 어렵습니다. 책상과 의자에 꼿꼿하게 앉아서 읽지 않아도 괜찮습니다. 우리가 아이와 도서관에 가는 이유는 책과 친해지기 위해서니까요.

하루 한 번,
읽는 태도가 깨어나는 시간

아무리 바빠도, 아무리 피곤해도 거르지 않는 일과가 있습니다. '책 읽어주기'입니다. 자기 전, 아이는 침대 머리맡 책장에서 좋아하는 책 한 권(여러 권일 때도 잦습니다.)을 골라 침대에 올라갑니다.

책을 읽어준 건 오랩니다. 갓난쟁이 때부터 누워있는 아이 옆에서 읽어주기 시작했어요. 처음에는 아이가 듣고 있기나 한 걸까, 괜히 헛수고하는 건 아닐까 하는 생각이 들기도 했지만, 그냥 읽어줬습니다. 책 읽는 목소리에 반응할 무렵부터는 책을 펼쳐놓고 대화를 시도했어요. 이 책에 등장하는 주인공은 누구인지, 특히 재미있는 부분은 어딘지 같은 사소한 이야기를 건넸습니다. 옹알이로 반응하는 모습에 괜히 더 말을 걸고 싶어서 책을 읽어줬던 것 같습니다. 말 못 하는 아기와 종일 있다 보니, 대화가 필요하기도 했고요.

육아 휴직을 마치고 복직한 후에는 한동안 책을 읽어주지 못했습니다. 일과 육아를 문제없이 해내는 것만으로도 벅찼으니까요. 퇴근하자마자 밥 먹이고 씻기고 집안일을 하기에도 시간이 빠듯한데, 책 읽어주기라니요. 10분이라도 일찍 재우고 얼른 할 일을 끝내고 쉬고 싶은 마음밖에는 없었습니다.

그러던 어느 날, 아이가 힘들다는 신호를 보내왔습니다. 당장 해야 할 일에 정신을 뺏겨 아이의 마음을 읽어주지 못했던 겁니다. 종일 어린이집에서 지내다가 드디어 엄마, 아빠를 만났는데, 얼마나 반갑고 좋았겠어요. 그런 아이에게 빨리빨리, 이따가, 얼른 자라는 말만 했으니, 서운할 만하죠. 짧지만, 확실하게 아이와 교감할 시간이 필요했습니다. 다시 책을 읽어주기 시작했습니다.

잠들기 전 30분, 책 읽기의 베스트 타임

요즘은 아이도 어른도 바쁜 시대입니다. 일의 우선순위를 정하지 않으면 놓치는 것도 적지 않습니다. 여기에 책까지 읽어줘야 한다니, 한숨이 나올지도 모릅니다. 저 또한 다르지 않았습니다. 안 그래도 바쁜데 시간을 얼마나 더 쪼개야 힐지 막막하던 찰나, '잠자리 독서'가 떠올랐습니다.

잠자리 독서는 부모와 아이 모두가 부담 없이 책을 접하게 합니다. 잠들기 전 30분 정도면 충분합니다. 하루를 마무리하고 잠들기 전, 몸과 마음이 이완된 상태에서 차분하게 책을 읽을 수 있습니다. 등에 쿠션을 받치고 앉아서 읽을 때도 있고, 엎드려서 읽을 때도, 너무 피곤한 날은 나란히 누워서 읽을 때도 있어요. 이때만큼은 세상에서 가장 편한 자세로 책을 읽습니다. 책을 읽을 때는 읽어주는 사람도, 듣는 사람도 편안한 상태라야 억지로 마쳐야 하는 숙제처럼 느껴지지 않거든요.

책을 읽어주기 전, 아이에게 물어봅니다. "오늘은 왜 이 책을 읽고 싶었어?" 사실, 뭔가 특별한 이유를 기대하고 묻는 건 아닙니다. 그냥 재미있어 보여서, 라는 답변이 돌아올 때가 잦지만, 그래도 질문하는 건 엄마가 너의 생각을 궁금해한다는 걸 말해주기 위해서예요. 아이에게 보여주는 엄마의 관심이랄까요. 너의 선택을 존중한다는 의미이기도 합니다.

먼저 책 표지와 제목, 저자를 쓱 살피고 책장을 넘깁니다. 표지는 의외로 책을 선택하는 기준이 됩니다. 책의 '첫인상'이니까요. 좋아하는 단어가 포함된 제목을 보고 내용이 궁금하거나 표지 일러스트에 시선을 빼앗겨 책을 고르는 아이가 적지 않습니다. 얼른 읽어달라고 보채지 않는다면, 함께 표지를 보면서 앞으로 어떤 내용이 펼쳐질지 이야기 나눠보길 추천하고 싶어요. 책에 대한 기대를 높일 수 있습니다.

책을 읽어줄 때는 힘을 빼고 읽어요. 목소리를 바꿔가면서 주인공의 특징을 살려 읽을 때도 있지만, 에너지를 너무 많이 쓰지 않으려고 노력합니다. 오늘만 읽을 게 아니니까요. 꾸준히 지속하려면 제풀에 나가떨어지지 않게 강약 조절을 잘해야 합니다. 책의 본문을 모조리 읽어야 한다는 부담도 내려놓습니다. 이야기의 흐름을 해치지 않는 선에서 생략의 묘미를 발휘해도 괜찮습니다.

중간중간, 아이가 책 읽기의 흐름을 끊을 때가 있습니다. 재미있어 보여서 고른 책이 생각보다 별로일 때, 그날따라 몸이 피곤해서 도저히 이야기에 집중하기 어려울 때, 당장 책보다 흥미를 끄는 뭔가가 눈에 띄었을 때 등등. 그럴 땐, 아이에게 책을 계속 읽어도 되는지를 물어보세요.

모르는 단어가 나오거나 질문이 떠오를 때도 '잠깐만!'을 외칠 겁니다. 그럴 때는 읽던 것을 멈추고, 궁금한 부분을 해소하고 서로 생각을 나누는 데 시간을 할애해도 괜찮습니다. 오늘다 읽지 못했다면 내일 이어서 읽으면 되니까요.

잠자리 독서의 핵심은 '너와 함께하는 이 시간이 무척 소중하다.'는 메시지를 전하는 겁니다. 잠자리에서 서로 눈을 마주보면서 함께 책을 읽는 이 시간을 온종일 기다려왔다는 걸, 아이에게 온전히 표현해주세요. 손을 잡고, 안아주고, 머리를 쓰다듬으면서 말이죠. '사랑한다.'는 말도 아끼지 마세요. 엄마, 아빠가 온몸으로 교감하면서 들려주는 오직 '나만을 위한 이야기'에 아이는 그 어느 때보다 몰입할 수밖에 없습니다. 책 읽어주는 목소리에 귀를 열고, 책장을 넘기는 손길에 시선을 옮기고, 다음 이야기가 궁금해서 집중력을 발휘하는 모습을 볼 수 있을 거예요. 아이가 한 권만 더 읽어달라고 조른다면, 절반은 성공한 셈입니다.

아이가 원한다면 계속 읽어주자

부모가 책을 읽어주는 이유는 아이 스스로 책을 읽고 싶게 만드는 데 있습니다. 아이의 손을 잡고 책 읽기의 세계로 안내하는 거예요. 책 읽기를 즐기는 독서가로 성장하길 바라는 마음에서요. 미래 인재의 역량으로 꼽히는, 읽고 이해하고 표현하는 능력을 키우는 방법으로도 독서만 한 건 없습니다. 이 궁극적인 목표를 이루기 위해서는 '책 읽어주기'를 멈춰서는 안 됩니다.

첫 번째 위기는 한글을 뗄 무렵 찾아옵니다. 한글을 읽을 줄 아니까, 이제 혼자 읽어도 되겠다고 생각하는 겁니다. 하지만 앞서 설명한 것처럼 글자를 읽을 줄 안다고 해서 책 내용을 완전히 이해하기는 어렵습니다. 잠자리 독서로 책의 재미에 푹 빠졌는데, 그 맛을 제대로 보기도 전에 '이해'의 벽에 가로막히면 더는 앞으로 나아가지 못합니다.

아이 혼자 책을 읽다가 갑자기 "엄마! 도와주세요."라고 급하게 찾을 때가 있습니다. 무슨 큰일인가 싶어서 가보면, 무슨 말인지 잘 모르겠다고 하소연합니다. 그럴 때는 이해 안 되는 문장을 소리 내 읽어주면 대부분 해결됩니다. 따로 뜻을 알려주지 않았는데도 말이죠.

본격적으로 학습이 시작되는 초등학교 3학년 때 또 한 번 고비를 맞습니다. 우선순위에서 책 읽어주기가 밀려나기 때문입니다. 어휘력 부족으로 교과서의 내용을 이해하지 못하고, 수업을 따라가지 못하는데 학원 숙제를 우선합니다. 책에는 우리가 평소에 사용하는 일상어뿐 아니라 개념어가 담겨 있습니다. 정확한 뜻과 쓰임을 알아야 이해할 수 있어요. 책 읽어주기는 낯선 단어에 대한 거부감을 줄여줍니다. 듣는 경험을 통해서요. 책에 담긴 새로운 단어를 접하고 문장을 이해하면서 자연스럽게 어휘력도, 읽기 수준도 높일 수 있습니다.

《하루 15분 책 읽어주기의 힘》에 따르면, 아이들의 듣기와 읽기 수준은 중학교 2학년 무렵에 같아진다고 해요. 읽기 수준과 듣기 수준에 차이가 난다는 것입니다. 혼자 읽었을 때는 이해하지 못한 내용을 들을 때는 이해할 수 있다고 설명합니다. 자주 듣고, 많이 들었을 때 읽기 수준이 높아진다는 이야기입니다.

교육 전문가들은 "아이가 원할 때까지 책을 읽어주라."고 조언합니다. 혼자서도 책을 능숙하게 읽고 즐길 수 있을 때까지는 읽기 독립을 서두르지 않는 것이 좋습니다. 읽기 독립보다 중요한 건, '읽는 태도'가 깨어날 때까지 책 읽어주기를 포기하지 않는 것뿐입니다.

어떻게 읽어야 할까?

공부를 잘하려면 정독이 중요하다는데, 어떻게 가르쳐야 할
까요?

문해력을 키우려면 책을 어떻게 읽어야 하나요?

누군가 이런 질문을 한다면, 어떻게 대답해야 할까? 한참 고민
했습니다. 아이마다 다른 읽기 수준이나 흥미 같은 것들을 고
려하지 않고, 모두에게 통용되는 방법을 딱 제시하기는 무척
어렵기 때문입니다. 물론 문제 풀이에 도움이 되는 '읽기의 기
술'은 집중적으로 훈련하고 연습하면 익힐 수 있습니다. 하지

만 거기까지입니다. 책의 내용을 더 잘 이해하고, 기억하게 하려다가 아이들이 독서를 또 다른 형태의 공부로 여기게 될 가능성이 큽니다.

책을 좋아하고 즐겨 읽는 사람들은 자신만의 독서 기술을 가집니다. 어떤 책을 읽느냐, 어떤 목적으로 읽느냐에 따라 다양한 독서법 가운데 가장 적절한 방법을 선택해 읽을 줄 압니다. 시험에 대비해 교과서를 공부할 때는 중요 개념과 내용을 꼼꼼하게 정독하고, 모둠별 발표 수업을 준비할 때는 발표 주제에 맞게 필요한 내용만 뽑아서 발췌독하는 식입니다. 메모하면서 읽는다거나 다시 읽을 부분을 표시하면서 읽기도 하고요. 이 모든 것은 꾸준히 책을 읽고, 독서 경험을 차곡차곡 쌓은 덕분에 가능한 일입니다.

지금 우선해야 할 일은 아이들이 마음껏 책을 읽게 돕는 것입니다. 자신만의 독서 기술을 찾아가는 여정을 포기하지 않도록 힘을 북돋워 주면서요.

건너뛰어도 괜찮아

흔히 책을 한 번 펼치면 끝까지 읽어야 한다고 생각합니다. 내용이 기대에 미치지 못하거나 재미없어서 독서 자체에 흥미를 잃었는데 '그래도 다 읽어야 한다.'고 스스로 채찍질합니다. 읽다 만 책을 볼 때마다 마음 한편이 웬지 찝찝하기도 하고요. 아이와 책을 읽을 때도 마찬가지예요. 첫 페이지부터 마지막 페이지까지 글자 하나, 문장 한 줄 놓치지 않고 읽기를 바랍니다. 줄거리와 핵심 내용을 머릿속으로 정리하고 기억하길 기대하면서요. 앞장을 다 읽기도 전에 다음 장으로 넘기려는 아이에게 "아직 덜 읽었어!"라고 말하며 책장을 넘기려는 행동을 제지하기도 하고요. 하지만 그렇게 읽은 책은 남는 것이 없습니다. 책 읽기를 강요당했다는 부정적인 경험을 남길 뿐입니다.

책을 읽다가 재미없으면 그만 읽어도 괜찮습니다. 재미없는 부분은 건너뛰어도 괜찮습니다. 이 책을 읽고 있는데, 갑자기 저 책을 읽고 싶어졌다면 바꿔 읽어도 상관없습니다. 원한다면 언제든, 어떤 책이든 읽을 수 있다고 말해주세요. 자신에게 맞는 책을 고르는 것도 경험이 필요합니다. 시행착오를 거쳐야 해요. 고르는 책마다 읽기를 포기한다면, 아이의 읽기 수준과 이해 정도를 먼저 살펴야 합니다. 초등학교 1학년 수준의 읽기 능력을 갖춘 아이가 초등학교 4학년, 5학년 수준의 책을 이해하기는 어렵습니다.

우리 소리 내 읽어볼까?

문해력 전문가들은 문해력을 키우려면, 우선 기초체력부터 다져야 한다고 주장합니다. 특히 '음운론적 인식'의 중요성을 강조합니다. 읽기와 쓰기를 잘하려면 자음과 모음의 '소릿값'을 알고 잘 다룰 줄 알아야 한다는 겁니다. 'ㄱ'과 'ㅏ'를 합치면 '가'가 되고, 반대로 '가'는 'ㄱ'과 'ㅏ'로 나뉘는 것을 아는 거예요. 읽기는 글자를 보고 소릿값을 인식해 단어를 파악하고, 의미를 이해하는 복잡한 인지과정인데요. 그 첫 단계가 소릿값 이해하기입니다. 소릿값을 알면 처음 보는 단어도 읽을 수 있습니다. 아이들에게 책을 읽어줘야 하는 이유도 여기에 있습니다. 한글을 깨치지 못했더라도 듣기를 통해 글자 모양과 소리를 일치시킬 줄 알게 됩니다. 음운론적 인식이 발달한 후에는 문자를 해독하는 능력과 읽기 유창성을 높여가야 합니다. 글을 읽을 때 글자를 생략하거나 더하지 않고 있는 그대로 정확하게 읽는 것을 말합니다. 학년이 올라갈수록 길고 복잡한 글을 접하는데, 글자를 정확하게 읽어야 의미도 정확하게 이해할 수 있습니다.

읽기 유창성을 높이는 방법으로는 '소리 내 읽기'가 효과적입니다. 책을 낭독하는 거예요. 소리 내지 않고 눈으로만 읽다 보면, 놓치는 부분이 생깁니다. 글자나 단어를 건너뛰고 읽거나 문장을 통째로 빼먹는 거죠. 소리 내 읽기는 이런 실수를 줄이고 글에 집중할 수 있게 합니다. 책 내용을 대충 씹어 삼키는 게 아니라 꼭꼭 씹어서 소화하기 좋은 상태로 만드는 방법을 체득할 수 있습니다.

글자 읽기에 자신감이 없는 아이라면, 소리 내 읽는 것을 싫어할지도 모릅니다. 잘하고 싶지만, 부족하다고 느낄 때 다른 사람에게 그런 모습을 내보이기 싫잖아요. 그럴 땐 부모가 함께 읽는 방법을 추천합니다. 아이가 부담스럽지 않게 놀이처럼요.

① 부모가 읽어주기

아이가 고른 책을 부모가 먼저 읽어줍니다. 같은 책을 여러 번 읽어줬더니, 이야기의 흐름과 등장인물의 말을 예상하더군요. 이쯤이면, 이 내용이 나온다는 걸 알고 읽어주기도 전에 문장을 읊기도 합니다. 모르던 글자도 반복해 들으면서 자연스럽게 어떻게 읽는지를 터득합니다. 가끔 장난기가 발동하면 내용을 건너뛰고 읽습니다. 그러면 귀신같이 알고 한마디 합니다. "엄마, 지금 이 내용이 아니잖아!"

② 아이와 번갈아 읽기

'번갈아 읽기'도 효과가 좋습니다. 부모와 아이가 한 문장씩, 한 글자씩 번갈아 소리 내 읽는 방법이에요. 서로 어디쯤 읽고 있는지 집중하지 않으면 자기 차례가 됐을 때 놓칠 수 있어서 눈은 크게 뜨고, 귀는 쫑긋할 수밖에 없습니다.

③ 같은 단어 찾으며 읽기

같은 단어가 반복되는 책이라면, '단어 찾으면서 읽기'도 추천합니다. 한 페이지에 특정 단어가 몇 번이나 나오는지를 세어 보는 거예요. 특정 단어가 나올 때마다 함께 소리 내 읽는 방법도 괜찮습니다.

④ 등장인물을 연기하며 읽기

소리 내 읽기에 거부감이 줄었다면, 따옴표(" ")로 표시된 부분을 누가 더 실감 나게 읽나, 내기를 해보세요. '등장인물 흉내내기'입니다. 등장인물 가운데 한 명을 정하고 그 인물이 된 것처럼 연기를 해보는 거예요. 직접 책 속 주인공이 되어 보는 겁니다. 등장인물의 상황과 생각, 감정 같은 것들을 파악해야 사실적으로 표현할 수 있어서 책 읽기에 몰입할 수 있다는 장점이 있습니다.

재미있으면 또 읽지 뭐

읽고 싶은 책을 가져오라고 했더니, 몇 날 며칠을 같은 책만 골라오는 통에 고민이라는 어느 부모의 글을 본 적이 있습니다. 마음 같아서는 다양한 책을 골고루, 많이 읽게 하고 싶은데 아이는 딱 한 권만 고집한다면서요. 그 아쉬운 마음, 백 번, 천 번 이해합니다. 하지만 같은 책을 여러 번 읽는 '반복 독서'는 아이가 책에 몰입했다는 신호입니다. 보고 보고 또 봐도 지루하지 않을 정도로 푹 빠져 있다는 이야기입니다.

책 읽기가 능숙하지 않은 아이들에게 반복 독서는 읽기 연습의 기회가 됩니다. 처음에는 혼자 읽기 어려웠던 책도 여러 번 읽다 보면 익숙해집니다. 한 번 읽었을 때는 이해하지 못했던 단어나 문맥도 두세 번 반복해 읽으면서 그 의미를 알아갈 수 있습니다. 읽기 자신감이 함께 높아집니다. 이해의 깊이도 달라집니다. 오늘은 책 내용을 이해하는 데 그쳤다면 내일은 등장인물과 사건, 배경에 초점을 맞추고, 모레는 이야기의 구조를 이해하는 식으로 그 범위를 넓힐 수 있습니다. 반복을 거듭하면서 놓친 부분이 다시 보이기도 합니다. 좋은 문장을 내면화할 수도 있고요.

반복 독서를 통해 책 한 권을 온전히 이해한 후에는 자신만의 생각을 덧붙일 수 있게 됩니다. '내가 주인공이라면 어땠을까?', '나라면 이런 상황에서 어떻게 행동했을까?' 생각하는 힘이 생깁니다. 사고력을 키운 아이는 자기 생각을 말과 글로 표현하는 데 거리낌이 없습니다.

책 한 권을 반복해서 읽기를 원한다면, 원하는 만큼 충분히 읽게 해주세요. 반복 독서는 누가 시킨다고 할 수 있는 게 아닙니다. 자기주도적으로 책을 읽고 있다는 긍정적인 반응입니다. 그만큼 그 책을 좋아한다는 의미입니다. 반복 독서를 할 만큼 좋아하는 그 한 권의 책이 아이를 능숙한 독서가로 만든다는 사실을 잊어서는 안 됩니다.

이 그림 좀 봐!

그림책을 읽다 보면 중간중간 아이가 흐름을 끊을 때가 있습니다. 그림에 시선을 빼앗겨서 한참 동안 책장을 넘기지 못하게 하더군요. 그럴 때는 아무리 읽어줘도 귀에 들어오지 않는 눈치였습니다.

백희나 작가의 《알사탕》을 읽을 때였어요. 알사탕을 입에 넣으면, 평소에는 들리지 않던 목소리가 들리면서 이야기가 전개됩니다. 그림을 유심히 살피던 아이는 알사탕의 색깔과 모양에 따라 들리는 목소리가 달라진다는 걸 발견하고 흥분을 감추지 못했습니다. 알록달록 줄무늬가 있는 알사탕을 먹으면 같은 무늬 소파의 목소리가 들리고, 흰색, 검은색 얼룩무늬가 그려진 알사탕을 먹으면 같은 무늬를 가진 강아지와 대화를 나눌 수 있다는 걸 알게 된 겁니다. 그리고 나선 다음 이야기를 예측하기 시작했습니다. 삐죽삐죽 수염이 올라온 것처럼 까칠하게 생긴 알사탕을 먹으면 누구의 목소리가 들릴지 궁금해하면서요. 누가 정답을 맞힐지 내기까지 제안했습니다. 어느 때보다 재미있게 책을 읽었던 기억이 납니다. 그것도 여러 번이요. 백희나 작가의 다른 그림책에도 관심을 보인 것은 또 다른 수확입니다.

그림책을 읽을 때는 아이가 그림을 마음껏 관찰할 수 있도록 기다려주세요. 글을 읽느라 부모가 미처 발견하지 못했던 것들을 아이들은 잘도 찾아내더군요. 누가 가르쳐주지 않았는데도 아이들은 그림책을 온전히 즐기는 방법을 아는 듯했습니다. 부모가 들려주는 이야기를 받아들이는 데 그치지 않고 그림을 보면서 떠오르는 생각과 느낌을 덧붙여 자기만의 이야기를 완성해 나갔습니다. 창의력과 상상력을 키워줄 방법, 그림에 있습니다.

네 생각이 궁금해

책을 다 읽고 나면, 문득 궁금해질 겁니다. 아이가 책 내용을 제대로 이해하고 기억하는지를요. 그래서 질문을 합니다. 그저 가볍게, 얼마나 이해했는지를 파악하는 정도면 그나마 다행입니다. 하지만 '정답'을 맞히지 못했을 때 실망하는 기색을 숨기지 못하고, '도대체 책을 읽은 건지 만 건지 모르겠다.'며 하지 않아도 될 말까지 하고 있다면, 지금 당장 멈춰야 합니다. 책을 다 읽을 때마다 쪽지 시험을 치러야 한다고 생각해보세요. 어른인 우리조차도 책을 거들떠보기 싫어질 겁니다. 책 읽기는 부담스럽고 불편한 일이 돼서는 안 됩니다. 재미있고 즐거운 경험이라야 지속할 수 있습니다. 읽고 또 읽어야 문해력도 향상됩니다.

아이와 책을 읽다가 삼천포로 빠질 때가 잦습니다.

"어? 우리도 여기 가본 적 있잖아. 기억나지?"; "응, 맞아. 엄마랑 아빠랑 같이 갔던 거 기억나. 이거 보니까 또 가고 싶다."; "또 가면 되지!"

"우리가 만약에 주인공 같은 상황이면 어땠을까?"; "나는 무서워서 그냥 도망쳤을 거 같아."

"엄마, 이야기 속에 나오는 소원을 들어주는 과자가게가 진

이렇게 수다를 떠느라 그렇습니다. 정답 없는 질문을 주고받으면서 서로 생각을 이야기하느라 책은 뒷전일 때도 있습니다. 이렇게 한참 대화를 하고 나면 무척 가까워진 느낌이 듭니다. 책을 매개로 평소 알지 못했던 아이의 마음을 들여다볼 수도 있고요. 아이도 제 마음과 다르지 않았나 봅니다. 어느 날 자기 전에 이런 말을 하더라고요.

“엄마, 우리 오늘 진짜 재미있었어! 내일 또 읽자.”

물론 처음부터 꼬리에 꼬리를 무는 대화가 이어지길 기대하기는 어렵습니다. 평소 아이와 대화를 많이 나누지 않는다면 더욱 그렇습니다. 아이의 생각이 궁금하다면, 질문보다는 부모의 생각부터 들려주세요. 책 내용이 어땠는지, 어떤 감정이 생겼는지, 왜 그렇게 생각했는지를 말해주세요. 한 번 물꼬를 트는 게 중요합니다.

딱 한 권이면
충분하다

우리가 무언가에 푹 빠지게 된 순간을 한번 떠올려보세요. 뭔가 거창한 계기보다는 재미나 즐거움, 뿌듯함, 성취감 같은 사소하고도 지극히 개인적인 이유로 좋아하기 시작했을 가능성이 커요. 처음부터 '나는 이걸 좋아할 줄 알았어.'라고 예상했다기보다는 '어? 재미있어 보이는데?' 하는 가벼운 마음으로 시작했다가 그 매력에 푹 빠지는 겁니다.

책을 좋아하게 되는 순간도 다르지 않습니다. 아이가 책을 좋아하게 할 가장 결정적인 방법을 꼽는다면, '딱 한 권의 책을 찾는 일'입니다. 앞에서 소개한 모든 활동이 '딱 한 권의 책'을 찾기 위한 과정이었다고 해도 지나치지 않습니다. 이 한 권의 책은 읽는 태도를 깨워 읽는 재미를 맛보게 하고, 책에 대한 긍정적인 경험을 이어가게 돕습니다.

빠져들 그 책 찾기

'딱 한 권의 책'은 어떻게 찾아야 할까요? 아이에게 책을 권하는 부모가 자주 하는 실수는 타인의 추천에 의지한다는 점입니다. 온라인 커뮤니티나 주변 부모들에게 '어떤 전집이 괜찮은지'를 묻습니다. 또 교육 분야에서 권위를 인정받은 단체나 기관에서 선정한 권장 도서, 추천 도서를 먼저 살핍니다. 아이의 관심사나 흥미, 읽기 수준을 파악하지 않은 채 말이죠.

부모와 아이의 책 고르는 기준은 다릅니다. 부모는 한 권을 골라도 아이에게 학습적으로 도움이 되는지를 판단합니다. 아이의 취향이나 선호를 고려하지 않아요. 그렇게 고른 책은 아이에게 '읽기 싫은 책'일 뿐입니다. 안 그래도 책이 별로인데, 읽기 싫은 책을 읽으라고 잔소리까지 듣는다고 생각해보세요. 그간 공들여 쌓은 탑이 한순간에 무너지는 경험을 하게 될 겁니다. 세상에는 재미있고 내용까지 좋은 책이 많습니다. 평생 아무리 열심히 읽어도 다 읽지 못할 정도예요. 재미없고 싫은 책까지 굳이 읽으면서 시간을 낭비해야 할까요?

수준에 맞는 책 고르기

아이가 다니는 초등학교는 독서교육에 공을 들입니다. 입학식 날, 교장 선생님은 신입생들의 입학을 축하하면서 책을 읽어주셨습니다. 책을 넣을 수 있는 캔버스백과 그림책을 입학 선물로 받았고요. 다른 무엇보다 책 읽기를 중요하게 생각했던지라 무척 반가웠던 기억이 납니다. 저학년이라 숙제는 크게 없었지만, 딱 한 가지, 집에서 매일 해야 할 일이 있었습니다. 바로 '20분 책 읽기'입니다. 입학하기 전까지는 집에서 부모가 책을 읽어주는 활동이 주를 이루다가 이제 매일 아이 혼자 책을 읽어야 할 이유가 생긴 거예요.

처음에는 약간의 저항이 있었습니다. 혼자 읽어야 한다고 하니 자신 없는 표정을 지었습니다. 엄마, 아빠가 읽어주는 게 더 재미있는데, 왜 혼자 읽어야 하느냐고 묻더군요. 왜 읽어야 하는지를 설명하고 평소 읽던 책을 건넸습니다. 나란히 앉아 "이 시간에는 네가 엄마, 아빠한테 책을 읽어주는 거야."라고 말해줬습니다. 한글을 완전히 깨치지 못하고 입학하기는 했지만, 함께 읽을 때는 크게 문제가 없었거든요. 어려운 단어가 나와도 앞뒤 맥락을 통해 예측할 수 있어서 내용을 이해하는 데 어려움이 없었습니다. 충분히 읽을 수 있다고 생각했어요. 그런데 첫 장부터 막혔습니다. 잘 읽고 싶었는데, 마음처럼 되지 않자 그만 읽고 싶다고 시무룩하게 말하더군요. 예상치 못한 상황에 당황했습니다. 원인은 혼자 읽기에 책이 너무 어려운 데 있었습니다. 엄마, 아빠와 함께 읽을 때는 자기 읽기 수준보다 조금 높아도 내용을 이해할 수 있었지만, 혼자 읽는 건 다른 문제였어요. 읽기 연습이 필요했습니다.

아이 수준에 맞는 책을 쉽게 찾는 방법이 있습니다. 《하루 30분 혼자 읽기의 힘》에서는 '엄지손가락의 법칙'을 소개합니다. 우선 읽으려고 하는 책을 펼칩니다. 펼친 부분을 소리 내 읽으면서 모르는 단어가 나오면 그 위에 새끼손가락에서 엄지손가락 순으로 손가락을 올리는 방법입니다. 엄지손가락까지 모두 올리면, 다시 말해, 펼친 페이지에서 모르는 단어가 다섯 개 이상이라면 그 책은 혼자 읽기에 어렵다는 걸 의미합니다.

하루 20분 책 읽기를 할 때는 평소에 보던 책보다 쉬운 책으로 골랐습니다. 아이의 읽기 수준에 맞는 책으로요. 아이가 부담을 느끼지 않도록 글밥이 적은 것으로 시작했습니다. 읽기 실력이 쌓이면서 점점 단계를 높여 나갔어요. 물론 책을 읽어줄 때는 원래 읽던 책을 선택해 균형을 맞췄습니다. 부모가 함께 읽을 때는 조금 어려운 책을 고르는 게 좋습니다. 혼자 읽기는 어렵지만, 부모가 함께 읽으면 심리적인 부담을 줄일 수 있습니다. 어휘력도 향상됩니다. 읽기 수준을 한 단계 높일 수도 있고요. 나중에는 부모의 도움 없이도 혼자 읽을 줄 알게 됩니다.

권장 도서, 추천 도서의 함정

방학은 책 읽기에 몰입할 절호의 기회입니다. 그래서일까요? 방학을 앞두고 권장 도서 목록과 추천 도서 목록을 발표하는 곳이 적지 않습니다. 학년별, 교과별, 장르별, 주제별로 분류하고 '교과 연계'라는 표시와 함께요. 권장 도서, 추천 도서를 재미있게 읽을 수 있는 아이들이라면 이 목록을 참고하면 다양한 책을 경험하는 데 도움이 됩니다. 하지만 평소 책 읽기를 즐기지 않는 아이에게는 무용지물일 수 있습니다.

권위 있는 교육단체·기관에서 선정한 권장 도서·추천 도서 목록은 방학 특집 기사의 단골 아이템이었습니다. 저도 방학이 다가오면 미리 목록을 받기 위해 기관에 협조를 구하고는 했어요. 그런데 부모가 되고 나니, 공신력 있는 매체에서 권장 도서, 추천 도서를 소개하는 것이 되레 책 읽기의 즐거움을 방해하는 건 아닌지 반문하게 되더군요. 이 목록을 아이들의 상황과 수준에 따라 '참고'하는 데 그치지 않고, 반드시 읽어야 하는 숙제처럼 '강제'하는 모습을 종종 목격했기 때문입니다. 냉정하게 말하면, 아이마다 수준은 천차만별이고 권장·추천 도서 목록은 우리 아이만을 위한 것이 아닙니다.

'1학년용', '3학년용'처럼 분류한 책 목록을 아이에게 그대로 적용하지 마세요. '1학년이면 이 정도는 읽어야 한대.', '아니, 3학년이나 돼서 이것도 못 읽어?' 이런 메시지를 주어서도 안 됩니다. 비교는 독입니다. 책 읽기에 자신감을 잃는 것은 물론 자존감에도 상처를 남깁니다. 책은 자기만의 속도와 방향으로 읽으면 됩니다.

자기 수준에 맞는 책은 읽는 재미를 알려줍니다. 성취감과 자기 만족감도 맛볼 수 있어요. 책에 아이를 맞추려 하지 마세요. 아이에게 맞는 책을 찾아야 합니다.

전집보다는 낱권으로

인기 있는 전집을 집에 들였는데, 아이가 거들떠보지도 않아 고민이라는 이야기를 접합니다. 한 질에 수십만 원이 넘는 책을 큰마음 먹고 샀더니 자리만 차지하는 애물단지로 전락했다는 하소연이었어요.

아이가 돌 무렵 딱 한 번 전집을 샀습니다. 유아들에게 읽어주기 좋다고 알려진 책이었어요. 세계 명작동화와 한국 전래동화, 수 세기, 한글 등 구성이 다양했습니다. 당시 전집을 산 이유는 한 가지였어요. 매일 책을 읽어주고 있었는데, 선택지가 많지 않아 (엄마가) 지루하더군요. 몇 년 동안 한 권도 빼놓지 않고 잘 읽었던 기억이 납니다. 여러 책을 읽으면서 아이의 취향이나 성향을 파악하는 데도 도움이 됐어요. 스토리 중심의 책을 좋아한다는 것도 그때 전집을 읽으면서 알아챘습니다. 보드북이라서 놀잇감으로도 안성맞춤이었고요.

볼 만큼 다 보고 나서는 전집을 사지 않았습니다. 이미 아이가 좋아하는 것들을 알고 있었으니까요. 모를 때는 이것저것 다양하게 접할 수 있는 전집이 효과적이었지만, 알고 나서는 그럴 필요가 없었습니다. 아이가 관심을 보이는 주제나 스토리, 그림을 담은 단행본을 그때그때 사서 읽었어요. 그래서일까요? 실패가 적었습니다. 예상보다 반응이 좋지 않을 때는 시행착오라고 생각했어요. 시행착오도 겪어야 선택지를 줄일 수 있습니다. 아이에게 맞는 딱 한 권의 책을 만날 가능성이 커지는 셈입니다.

전집을 들일 때는 부모의 판단이 우선할 수밖에 없습니다. 보통 발달 단계나 교육과정에 맞춰 내용을 구성하는 전집은 체계를 갖추고 있어서 학습에 도움을 받기 위해 전략적으로 선택하곤 하니까요. 이렇게 어떤 '목적'을 갖고 들인 전집은 애물단지가 될 가능성이 큽니다. 목적을 달성하지 못하면 본전 생각도 나고요. 큰마음 먹고 투자한 만큼 본전을 찾고 싶은 마음이 드는 겁니다. 아이는 사달라고 한 적도 없는데 말이죠.

아이를 독서가의 길로 안내할 딱 한 권의 책을 만나고 싶다면 전집보다는 낱권입니다. 전집은 일일이 책을 골라야 하는 부모의 수고를 덜어주고 다양한 주제를 접할 수 있다는 장점도 있지만, 방대한 주제와 많은 권수는 오히려 거부감을 줄 수 있습니다. 여기에 부모의 잔소리까지 더해진다면, 아마도 아이가 전집을 펼치는 모습을 영영 볼 수 없을지도 모릅니다. 아이를 독서의 세계로 이끄는 건 재미와 즐거움이라는 사실을 잊어서는 안 됩니다.

검색대 활용하기

아이마다 열광하는 키워드가 있습니다. 어떤 상황에도 예외 없이 먹히는 만능열쇠 같은 거랄까요? 가장 대표적인 단어로 '똥'이 있습니다. 유아는 물론 초등 저학년까지는 '똥'이라는 단어만 들어도 웃음을 터뜨립니다. 뭐가 그리 재미있는지, 깔깔 소리까지 내면서요. 방귀 소리까지 내면 그야말로 웃느라 자지러집니다. 이런 만능열쇠 같은 단어를 발견한다면, 바로 서점이나 도서관으로 달려가야 합니다. 그리고 검색대에서 단어를 검색하세요. 그 단어가 포함된 수십 권의 책 목록을 확인할 수 있습니다. 아이가 좋아할 만한 책을 고르기 어렵다면 가장 쉽게 해볼 방법입니다.

재미있게 읽은 책을 검색해보는 것도 추천합니다. 단어를 입력하다 보면 자동 완성 기능이 활성화하는데요. 비슷한 제목의 책이 뜹니다. 아이의 경우,《책 먹는 여우》를 읽고 나서 같은 시리즈의 책을 검색하다가《책 먹는 도깨비 얌얌이》를 만났습니다. "엄마, 도깨비가 책을 먹는대! 우리 이거 찾아보자." 상기된 표정으로 책의 위치를 프린트해 서가로 향하던 모습이 기억납니다. 아이의 반응도 무척 좋았고요. 도서관에서 빌린 책이 많이 상해서 책을 제대로 볼 수 없다는 투정에 새 책을 사줄 수밖에 없었습니다.

디지털 콘텐츠
똑똑하게 즐기기

2010년 이후에 태어난 아이들을 소위 '알파 세대'라고 부릅니다. 알파 세대의 가장 큰 특징은 '디지털 네이티브'라는 점입니다. 앞에서 설명했듯이 이 세대는 디지털 친화적이고 디지털 기기를 원어민처럼 다룹니다.

디지털 시대로의 전환이 빠른 속도로 이뤄지면서 교육의 흐름도 바뀌고 있습니다. 교육부는 디지털 기술을 활용한 AI 디지털교과서를 2025년 3월부터 학교에 도입하겠다는 계획을 발표했습니다. 학교 수업도 디지털 기술을 기반으로 혁신하겠다고 공언했고요. 디지털 네이티브에게 적합한 새로운 패러다임의 교육 환경을 구축하기 위해 디지털 기술을 적극적으로 활용하겠다는 뜻으로 읽힙니다.

부모는 고민에 빠집니다. 시대의 흐름에 뒤처지지 않으려면 디지털 기기를 활용할 줄 알아야겠지만, 과도한 노출은 되레 부정적인 결과를 가져올 수 있기 때문입니다. '딜레마'에 빠진 겁니다. 이럴 땐 현명하게 활용할 방법을 찾아야 합니다. 아이들이 접하는 디지털 기기의 특징과 장단점을 정확하게 인지하고 필요에 따라 올바르게 사용할 방법을 고민해야 합니다.

혼자 내버려두지 마세요

가족과 외출할 때면, 스마트폰과 스마트 패드로 동영상을 보는 아이들이 자주 눈에 띕니다. 부모는 울고 보채는 아이를 달래기 위해서, 식당에서 식사하는 동안 주변 사람들에게 피해를 주지 않으려고 디지털 기기를 틀어줍니다. 디지털 기기를 이용하는 아이들의 나이가 갈수록 낮아지는 느낌입니다. 실제로 육아정책연구소가 2022년 발행한 〈이슈페이퍼〉 '가정에서의 영유아 미디어 이용실태와 정책과제'에 따르면, 6세 이하 영유아 3명 가운데 2명은 생후 36개월이 되기 전에 스마트폰 등을 이용하기 시작한 것으로 나타났습니다. 처음 사용하는 시기는

12~18개월이 가장 많았습니다.

가능한 한 노출 시기를 늦추겠다고 마음먹었다가도 곧이곧대로 지키기 쉽지 않은 것도 사실입니다. 특히 코로나19를 지나면서 어쩔 수 없이 디지털 기기를 사용하기 시작한 부모도 적지 않습니다. 저도 그중 하나입니다.

문제는 디지털 기기를 틀어주고 아이를 혼자 내버려둔다는 것입니다. 디지털 기기가 부모 대신 아이를 돌봐주는 셈이죠. 잠시 편할 수는 있습니다. 하지만 부모의 지도 없이 디지털 기기에 과도하게 노출하면 득보다 실이 더 많습니다.

우선, 나이와 발달에 맞지 않는 콘텐츠를 무분별하게 접하게 됩니다. 사용자의 시청 패턴을 파악해 콘텐츠를 추천하는 유튜브의 경우 더욱 그렇습니다. 정제되지 않은 언어, 자극적인 내용에 노출돼 아이의 말과 행동, 성장에 안 좋은 영향을 미칩니다.

디지털 기기에 과의존하게 됩니다. 영상에 시선을 빼앗긴 아이를 보면, 넋이 나간 표정을 짓고 있습니다. 금방이라도 화면에 빨려 들어갈 것처럼요. 영상 시청을 중단시키면 그 저항이 만만치 않습니다. 자기도 모르게 통제력을 잃어버리는 겁니다. 스스로 디지털 기기 사용을 멈추기도 어렵습니다.

이미 우리나라의 스마트폰 중독은 심각합니다. 올해 3월 정부가 발표한 '스마트폰 과의존 실태 조사' 결과에 따르면, 스마트폰 이용자의 23.6%가 과의존 위험군으로 조사됐습니다. 청소년의 경우 40%가 과의존 위험군으로 나타났고, 만3~9세도 26.7%로 높은 편이었습니다. 디지털 기기를 적당히, 필요한 만큼 조절하면서 사용하는 데도 연습이 필요합니다. 디지털 기기 사용 규칙을 정하고 일관성 있게 지켜나가려면 부모의 도움이 필요합니다.

과도한 스마트폰 사용은 책과 친해질 기회를 잃습니다. 현란하고 장면 전환이 빠른 영상은 눈을 자극합니다. 자극적인 영상을 보면 볼수록 더 강한 자극을 원하게 돼 있습니다. 나중에는 웬만한 자극으로는 만족하지 못하는 지경에 이릅니다. 디지털 기기를 접하는 시간이 길어질수록 디지털 기기 밖 세상은 지루하고 심심하게 느껴질 거예요. 그런 아이에게 책을 권하기란 무척 어렵습니다. 터치 몇 번이면 재미있는 영상을 실컷 볼 수 있는데 굳이 책을 읽으려고 할까요?

사회성에 빨간불이 들어옵니다. 사회성은 주변 사람들의 기분과 감정, 상황 같은 것들을 이해하고 적절하게 대처하면서 원만한 관계를 맺을 수 있는 능력입니다. 인간은 사회적 동물이에요. 혼자서는 살아갈 수 없습니다. 사회성의 핵심은 타인과의 '소통'입니다. 디지털 기기와는 소통할 수 없습니다. 일방적이기 때문이죠. 온라인에서도 충분히 소통할 수 있다고 주장할

지도 모르겠습니다. 하지만 메신저나 SNS로 소통하는 방식은 직접 대면해 소통하는 방식과 비교하면 제한적입니다.

책 읽어줄 때처럼 상호 작용하기

기술의 발전은 우리의 삶을 편리하고 효율적으로 만듭니다. 디지털 기기로 접할 수 있는 콘텐츠도 진화를 거듭하고 있습니다. 교육 효과와 재미를 모두 충족할 수 있는 디지털 콘텐츠도 무궁무진해요. 어떻게 활용하는지가 관건입니다.

아이를 키우면서 다짐했습니다. 때가 되면 디지털 기기를 접하겠지만, 그 시기를 가능한 한 늦춰보자고요. 코로나19가 확산하기 전까지는 이 결심을 실천하기가 그리 어렵지 않았어요. 집에서 놀다가 답답하면 밖에 나가서 놀면 그만이었으니까요. 사회적 거리두기를 하면서 점점 다짐이 무너졌습니다. 핑계 같지만, 에너지 넘치는 아이와 온종일 집 안에 갇혀 부대끼고 있자니 숨이 막혔어요. 잠시라도 쉴 시간이 필요했습니다. 그렇게 아이는 디지털 기기를 처음 접했습니다.

스스로 약속했습니다. 아이를 디지털 기기와 단둘이 두지 않겠다고요. 나란히 곁에 앉아 아이가 보길 원하는 콘텐츠를 먼저 살폈습니다. 어디에서 만들었는지, 누가 출연하는지, 어떤 내용으로 구성돼있는지를요. 영상을 보거나 오디오를 듣는 중에는 아이에게 말을 걸었습니다.

> "주인공의 기분이 어떨 것 같아?"
> "저 말은 어떤 의미일까?"
> "엄마도 잘 모르는 내용인데, 우리 같이 인터넷에 검색해볼까?"
> "와, 이 영상은 진짜 재미있다. 정말 잘 골랐는데?"

디지털 기기 이용의 양면성을 알면서도 아이 혼자 내버려 둘 수는 없습니다. 디지털 콘텐츠를 접할 때는 반드시 부모가 함께해야 합니다. 특히 영유아 때는 절대 혼자 사용하게 해서는 안 됩니다. 책을 읽을 때처럼 아이의 관심과 흥미를 살피고 좋은 영향을 줄 수 있는 것들로 콘텐츠를 선별해 아이에게 건네세요. 혼자서도 걷고 뛸 수 있을 때까지 부모가 아이의 손을 잡아주듯, 곁에서 아이의 건강과 안전을 살펴야 합니다.

책과 연결고리 찾기

책 읽기와의 균형 맞추기도 중요합니다. 책과 가까워질 시간을 충분히 확보해야 합니다. 언어능력을 포함해 인지력이 폭발적으로 성장하는 초등학교 시기에는 책과 친해지는 게 우선입니다. 책 읽기의 재미를 알기도 전에 디지털 콘텐츠에만 빠져들지 않도록요. 책에 거부감이 생긴 다음에는 책 읽기는커녕 문해력을 키우기조차 어려워지니까요.

영상을 보다가 흥미를 보이는 주제나 내용이 있다면 기회로 삼으세요. 특히 책을 원작으로 한 콘텐츠를 보고 나서는 원작을 찾아 함께 읽는 게 좋습니다. 콘텐츠는 어떤 매체로 접하느냐에 따라 느낌이 또 다르거든요. 원작을 영상으로 어떻게 풀어냈는지, 원작에는 있지만, 영상에서 생략된 내용은 없는지, 원작과 영상의 차이점 등을 비교해보는 것도 재미있습니다.

디지털 기기 사용 규칙 정하기

디지털 기기에 과의존하는 아이들이 전 세계적으로 늘어나자, 세계보건기구WHO는 영유아의 디지털 기기 사용 가이드라인을 발표했습니다. 만 2세 미만은 스마트폰, 텔레비전, 컴퓨터 등 디지털 기기에 아예 노출되어서는 안 되고, 만 2~4세는 하루 1시간 이내로 사용해야 한다는 내용인데요. 전문가들이 정한 가이드라인을 참고해 '우리 집의 디지털 기기 사용 규칙'을 정해

볼 것을 추천합니다.

아이폰과 아이패드를 개발한 애플의 창업자 스티브 잡스, 세계 최대 컴퓨터 소프트웨어업체 마이크로소프트 창업자 빌 게이츠의 공통점은 무엇일까요? IT업계를 이끈 세계적인 리더라는 점 말고도 자녀의 디지털 기기 노출에 대한 인식이 같았습니다. 스티브 잡스가 2세대 아이패드를 출시한 후 한 말은 유명합니다.

기자: 아이들도 새로 나온 아이패드를 좋아하죠?

스티브 잡스: 아이들은 아이패드가 없습니다.

빌 게이츠도 자녀들이 열네 살이 될 때까지 스마트폰 사용을 제한한 것으로 알려져 있습니다. 특히 식탁에서는 휴대전화를 보면 안 된다는 가족의 규칙을 정해 지켰어요. 스마트 기기의 폐해를 누구보다 잘 알기 때문입니다.

정신건강의학 전문의들의 이야기는 이를 뒷받침합니다. 만 12세 이하 어린이가 스마트폰에 중독되면 정서적·신체적·지적 발달에 부정적인 영향을 미친다고 경고합니다. 스마트폰에 지속적으로 노출된 영유아는 뇌가 균형이 있게 발달하지 못하고 언어 발달이 늦어진다고 지적합니다. 사회성이나 자기조절

능력 등도 떨어진다고 설명해요.

우리 집 규칙을 정할 때는 아이의 사용 습관을 먼저 파악해야 합니다. 평소 즐겨보는 영상과 플랫폼이 무엇인지, 얼마나 오래, 자주 사용하는지 등을 확인한 후 사용 시간이나 빈도, 장소, 콘텐츠, 플랫폼 등을 정합니다. 부모가 일방적으로 규칙을 정하고 통보하기보다는 왜 규칙이 필요한지 아이와 함께 이야기 나누는 게 좋아요. 한 가지 부탁하고 싶은 건, 책 읽기의 보상으로 디지털 기기 사용을 허락하지 않았으면 합니다. 책 읽기가 수단이 되는 순간 책에서 멀어지는 건 시간문제니까요.

아이와 정한 규칙 중 특히 중요하게 생각하는 것은 '스스로 멈추기'와 '식사 시간에는 식사에 집중하기'예요. 디지털 기기를 켜기 전에 어떤 콘텐츠를 보고 싶은지, 얼마나 보고 싶은지를 아이에게 먼저 물어보고 허용 범위를 정한 후 다 보고 나서는 스스로 멈추도록 하고 있어요. 때로는 '하나 더'를 외치지만, 에누리가 없습니다. 규칙은 무슨 일이 있어도 지켜야 하고, 규칙을 지키지 않을 때는 디지털 기기 자체를 사용할 수 없다는 점도 충분히 설명합니다. 또 식사 시간에는 디지털 기기를 사용할 수 없습니다. 가족이 모여 식사할 때가 아니면 대화 나눌 시간이 없을뿐더러 식습관에 안 좋은 영향을 주기 때문입니다. 외식할 때도 다르지 않습니다.

부모 먼저 스마트폰과 거리 두기

퇴근 후에도 일을 하느라 휴대전화를 보고 있을 때가 종종 있습니다. 집에 돌아와서는 아이에게 집중해야 하는데, 미처 끝내지 못한 일이 발목을 잡습니다.

어느 날, 아이가 말하더군요. "엄마는 왜 내가 옆에 있는데 휴대전화만 보고 있느냐."고요. 아차, 싶었습니다. 제게는 일이지만, 아이에게는 시도 때도 없이 휴대전화를 보는 엄마의 모습만 크게 보였던 겁니다. 그날 이후로 퇴근 후에는 휴대전화부터 거실 책상 위에 올려둡니다. '너와 함께 있을 때는 너에게 집중하겠다.'는 다짐을 아이가 볼 수 있게요. 정말 어쩔 수 없는 상황에는 아이에게 양해를 구합니다. 왜 지금 당장 해야 하는 일인지 설명하고 얼마의 시간이 필요한지도 함께 이야기합니다. 가장 좋은 교육은 부모가 본보기가 되는 거라는 걸, 매 순간 잊지 않으려고 지금도 노력하는 중입니다.

✳ 4부 ✳

문해력 호기심을 깨우는
세 가지 태도 2 :
이해하는 태도

아이의 세상을
규정하는 어휘력

SNS 세상이 궁금해서 인스타그램에 가입했습니다. 그곳은 정말이지 새로운 세상이었어요. 어찌나 빠르게 돌아가는지, 이 세계에서 적응하려면 꽤 오래 걸리겠구나, 생각했습니다. 무엇보다 당혹했던 건, SNS 세상에서 저의 문해력은 실질적 문맹에 가깝다는 사실이었습니다. 처음 보는 신조어가 많고 무슨 의미인지 도대체 알 수가 없더군요. 모르는 단어투성이의 세상에 나 홀로 뚝 떨어져 소외되는 듯한 기분을 느꼈습니다. SNS 세상에서 통하는 어휘가 무엇인지 몰라서 한동안 헤맬 수밖에 없었습니다.

어휘는 세상으로 들어가는 문과 같습니다. 어휘의 문을 열지 못하면 그 속에서 어떤 일이 일어나는지, 왜 일어나는지, 사람들이 왜 이런 반응을 보이는지 알 수가 없습니다. 그 세상에서 통하는 어휘를 알고 이해하고 구사할 수 있어야 구성원으로서 소통할 수 있습니다.

어휘는 공통의 성격을 가진 단어의 집합을 의미합니다. 어휘 유형에 따라 고유어, 한자어, 외래어, 관용어, 속담 등으로 나눕니다.

- 고유어 : 우리나라 고유의 어휘
- 한자어 : 한자로 만들어진 어휘
- 외래어 : 다른 나라에서 들어왔지만, 우리말처럼 쓰는 어휘
- 관용어 : 둘 이상의 낱말이 합쳐져 원래의 뜻과는 다른 새로운 의미로 사용되는 관습적인 말
- 속담 : 예로부터 전해오는 삶의 지혜와 교훈을 주는 말

어휘력이 좋은 사람은 수많은 어휘 가운데 자기 생각과 의견을 표현하는 데 가장 적합한 것을 골라 사용할 줄 압니다. 반대로 어휘력이 부족한 사람은 무언가를 말하고 싶어도 표현할 어휘를 찾지 못해 생각의 폭이 좁아지고 소통하기도 어렵습니다.

모국어의 말을 습득하는 것과 다르게 어휘력은 저절로 향상되지 않습니다. 어휘력을 키우는 가장 효과적인 방법은 책 읽기입니다. 다양한 어휘가 문장과 글 속에서 어떻게 활용되는지를 접할 수 있습니다. 읽기 경험이 풍부할수록 어휘력이 향상됩니다. 어휘력이 풍부해지면 읽기 능력도 좋아집니다. 책 읽기와 어휘력은 선순환 관계입니다.

읽기의 4단계

왜 어휘력이 중요한지는 읽기의 단계를 살펴봐도 확인할 수 있습니다. 우리가 책을 읽을 때 크게 네 단계를 거칩니다.

① 1단계: 단어 이해하기

단어의 사전적인 의미를 있는 그대로 파악해 읽는 과정이에요. 읽기의 가장 기본이 되는 첫 번째 단계이기도 합니다. 이 단계에서는 정확하게 읽기가 중요합니다.

② 2단계: 문장 이해하기

앞뒤 문장이 어떤 관계로 연결돼 있는지, 문맥을 바탕으로 의미를 파악하는 것을 가리킵니다. 순접, 역접, 병렬, 전환, 인과관계 등을 통해 문장을 이해할 수 있습니다.

- 순접 : 앞뒤 문장이 논리적인 모순 없이 이유, 조건, 원인 등의 관계로 순조롭게 이어짐(예: 그리고, 그래서, 그러므로)
- 역접 : 앞 문장의 내용과 상반되거나 일치하지 않는 내용이 뒤 문장에 제시되는 것(예: 하지만, 그러나, 그렇지만)
- 병렬 : 글의 내용을 나란히 늘어놓는 방식으로 제시
- 전환 : 앞선 내용과 다른 방향이나 상태로 바꾸는 것
- 인과관계 : 원인과 결과의 관계

③ 3단계: 글 이해하기

글의 핵심 메시지가 무엇인지, 중심 내용은 무엇인지, 글 전체를 아우르며 이해하는 것을 말합니다. 또 글 안에 숨겨진 뜻이 있는지 유추하면서 읽을 수 있습니다.

④ 4단계: 비판적·창의적으로 읽기

글을 읽고 논리적으로 부족한 부분이 있는지를 살펴 대안을 제시하는 과정입니다. 나만의 관점으로 글을 읽는 것이죠. '비판적인 읽기'가 가능하려면 이전 단계가 무척 중요합니다. 글의 내용과 핵심을 제대로 파악하지 못하면 자신의 주장이 설득

력을 잃습니다. 단어와 문장, 글에 대한 이해를 바탕으로 내용이 적절한지, 사실인지, 근거는 타당한지, 아쉬운 점은 없는지 등을 스스로 질문하면서 판단할 줄 알아야 합니다. 가짜 뉴스와 정보가 판치는 요즘, 우리 아이들이 반드시 갖춰야 할 읽기 능력이기도 합니다.

'창의적으로 읽기'는 여기에서 한 걸음 더 나아갑니다. 글을 읽으면서 발견한 아쉬운 부분을 어떻게 보완할 수 있을지 대안을 제시하는 읽기입니다. 글쓴이와 다른 시각으로 바라보고, 여기에 새로운 생각을 덧붙여 확장, 표현하는 단계예요. 미래 인재가 갖춰야 할 역량인 창의성과 문제해결 능력, 소통 능력을 길러주는 데 효과적인 읽기 방법입니다. '비판적·창의적으로 읽기'가 가능하다면 문해력을 갖췄다고 말할 수 있습니다.

아이의 어휘력을 반드시 신경 써야 하는 이유

어휘력은 아이의 성장과도 직결됩니다. 학교생활을 할 때 특히 절대적입니다. 교과서를 읽고 이해하는 데 필요한 어휘를 학습 도구어라고 하는데요. 평소 사용하는 일상어와는 다릅니다. 예를 한번 볼까요?

- 일상어: 나누다

- 학습도구어: 분류, 분석, 구별, 구분 등

학습도구어 '분류', '분석', '구별', '구분'은 큰 맥락에서는 '나누다'라는 뜻이 같습니다. 하지만 쓰임은 다릅니다. 분류는 '종류에 따라 가름'을, '분석'은 '얽혀 있거나 복잡한 것을 풀어서 개별적인 요소나 성질로 나눔'을 의미합니다. 또 구별은 '성질이나 종류에 따라 갈라놓음'을, 구분은 '일정한 기준에 따라 전체를 몇 개로 갈라 나눔'을 뜻합니다.

교과서에는 일상어가 아닌 학습도구어가 쓰입니다. 학습도구어를 모르면 혼자서는 교과서를 이해할 수 없고, 학교 수업을 따라가기도 어렵습니다. 학업성취도는 낮아지고, 이 시간이 쌓이면 기초학력 부족과 학력 격차로 나타납니다. 무엇보다 걱정스러운 건, 공부에 흥미를 잃고 학교생활에 만족하지 못한다는 점입니다. 하루 중 가장 오래 머무는 곳에서의 시간이 즐겁지 않다면 어떨까요?

국어, 학습 능력을 좌우하는 과목

읽기의 마지막 단계까지 도달하려면 어휘력부터 키워야 합니다. 교육 현장에서는 학습 능력을 좌우하는 교과목으로 '국어'를 꼽습니다. 언어 능력, 즉 문해력이 학습 능력을 판가름한다는 의미입니다. 문해력이라는 집을 튼튼하게 완성하는 것은 어휘력이라는 토대가 마련됐을 때 가능합니다. 특히 초등학교 때 어휘력을 차근히 키워야 한다고 강조합니다. 중학교 첫 시험에서 무너지는 아이들이 적지 않은데요. 이는 어휘력 부족이 주요한 원인입니다. 중학교에 올라가서야 어휘력 부족을 인식하고 만회하기에는 시간이 빠듯합니다. 즐겁게 책을 읽으면서 어휘력을 차곡차곡 쌓으려면 충분한 시간과 경험이 필요합니다. 중학교 시기에 책만 읽으면서 어휘력을 키우라고 하기는 현실적으로 공부에 대한 부담이 큽니다. 책 읽기 자체를 학습의 연장선으로 여기게 될까 봐 걱정스럽기도 합니다.

성취와 경험을 키워주세요

어휘력은 아이가 속한 세상을 이해하게 돕습니다. '이해하는 태도'를 만듭니다. 초등학교 시기에는 읽는 태도를 바탕으로 이해하는 태도를 키워야 합니다. 앞서 소개한 읽는 태도를 키울 수 있는 키워드가 '재미'와 '자율성'이었다면, 이해하는 태도 키우기는 '성취감'과 '경험'이 중요합니다. 다양한 어휘를 접하고 말과 글을 이해하는 과정을 통해 몰랐던 것을 알아가는 재미를 경험해야 합니다. 모르는 건 재미없지만, 아는 건 재미있잖아요. 이 경험은 아이들에게 성취감을 주고, 나아가 자신감을 불어넣습니다. 읽는 태도에 이해하는 태도를 장착하고 나면, 아이의 보는 눈이 달라집니다. 학교생활은 물론 일상생활, 학업, 가족 관계까지, 긍정적인 영향을 기대할 수 있습니다.

주의력을 키워야
이해할 수 있다

디지털 네이티브는 '디지털 읽기'에 익숙합니다. '디지털 읽기'는 스마트폰이나 태블릿PC, 노트북 같은 디지털 기기로 글을 읽는 것을 말합니다. 디지털 읽기는 필요한 정보를 빠르게 찾고 활용할 수 있다는 점에서 효율적이지만, 깊이 있는 읽기가 어렵다는 단점이 있습니다. '읽기reading'가 아닌 '보기seeing'에 가깝기 때문입니다.

《생각하지 않는 사람들》에 따르면, 웹 사용성 분야 전문가인 제이콥 닐슨 박사는 디지털 읽기의 특징으로 'F자형 읽기'를 꼽습니다. 그는 인터넷 사용자 232명의 시선을 추적한 실험을 진행했는데요. 종이가 아닌 디지털 화면으로 읽을 때 평균 10초 안에 페이지 아래까지 다 훑었고, 이때 눈동자의 움직임이 'F' 자 모양이었다고 주장합니다. 첫 문장부터 세 번째 문장까지는 끝까지 읽은 후, 중간 부분의 한두 문장만 읽고 나머지는 읽지 않는다는 것입니다. 닐슨 박사는 책을 읽을 때는 문장을 끝까지 체계적으로 읽던 사람도 디지털 매체로 읽을 때는 빨리 읽기 위해 페이지 왼쪽에만 시선이 머물렀다고 설명합니다.

연구 결과에 따르면 디지털 매체로 100단어를 읽을 때 걸리는 시간은 평균 4.4초에 불과했는데요. 이에 대해 닐슨 박사는 "아무리 뛰어난 사람도 4.4초 만에 읽을 수 있는 단어의 수는 18개 정도에 불과하다."며 "인터넷 사용자들이 실제로는 글을 거의 읽지 않는다."라고 분석했습니다.

디지털 읽기는 이해력을 떨어뜨리는 요소도 많습니다. 앤드루 딜런 미국 텍사스 오스틴대 정보학장은 2016년 〈조선일보〉와의 이메일 인터뷰에서 시도 때도 없이 나타나는 광고, 휴대전화 알람 등을 그 원인으로 꼽았습니다. 우리 뇌가 글을 읽고 이해하는 과정에서 다른 자극이 들어와 글의 이해를 방해한다는 겁니다. 뇌가 정보를 분류할 때 사용하는 위치 단서가 바뀌는 것도 문제라고 지적합니다. 스크롤 한 번에 아래에 있던 문장이 위로 올라가기 때문이죠.

긴 글 읽기를 꺼리는 아이들

글을 읽는 행위는 주의력이 요구됩니다. 집중력과는 조금 다른데요. 집중력은 한 가지 대상이나 일, 과제에 몰입하는 힘을 가리킵니다. 좋아하는 일에 흠뻑 빠져들어서 시간 가는 줄 모르고 모든 정신과 감각을 집중하는 힘이죠. 주의력은 선택적으로 어떤 것에만 관심을 두는 능력입니다. 필요에 따라 스스로 집중해야 할 것과 무시해야 할 것을 정하고 불필요한 것을 차단할 줄 아는 힘이에요. 주의력이 높으면 관심 없는 일에도 집중력을 발휘할 수 있습니다. 그래서 주의력은 특히 학습과 연관이 있습니다. 긴 글을 끝까지 읽을 줄 아는 주의력을 키워야 교과서나 수업 내용을 이해할 수 있습니다.

디지털 읽기는 주의력에 영향을 미칩니다. 대충 훑어보고 넘어가는 읽기 패턴은 글에 집중해 충분히 이해하고 생각할 시간을 허락하지 않습니다. 분명 읽었다고 생각했는데, 막상 기억에 남는 게 하나도 없는 것과 같습니다. '수박 겉핥기'에 비유할 수 있을 것 같아요.

디지털 읽기에 익숙해진 아이들은 책 읽기에 거부감을 느낍니다. 특히 긴 글을 읽고 이해하고 사고하는 과정 자체를 꺼립니다. 빠르게 스크롤을 내리고 화면을 전환하면서 원하는 것만

취하는 방식이 훨씬 편하기 때문입니다. 반면, 책 읽기는 생각보다 많은 에너지가 필요해서 귀찮고 번거롭게 여깁니다. 이를 인지심리학에서는 '인지적 구두쇠 현상'이라고 부릅니다. 깊이 생각하지 않고 최대한 두뇌의 에너지를 적게 쓰는 간단한 방법으로 문제를 해결하는 걸 가리킵니다. 구두쇠가 돈 한 푼을 아끼는 것처럼 '생각'을 아낀다는 뜻입니다.

이런 현상이 만연한 것을 두고 김대진 가톨릭의대 정신건강의학과 교수는 《청소년 스마트폰 디톡스》에서 '난독 시대'라고 말합니다. 디지털 읽기의 특징이 읽기, 쓰기, 말하기 등 언어능력을 퇴화하게 만든다는 겁니다. 관련 연구 결과도 이를 증명합니다. 김대진 교수 연구팀이 수행한 연구 결과에 따르면, 스마트폰에 과의존하는 청소년의 언어 능력이 그렇지 않은 청소년보다 떨어졌습니다.

굳이 종이로 인쇄하는 이유

신문 기자들이 기사를 마감한 후 반드시 거치는 과정이 있습니다. 신문이 나오기 전, 실제 신문을 크기만 줄여 인쇄한 축쇄지를 뽑아 자기 기사를 읽는 일입니다. 오탈자가 있는지, 문장 호응이 맞는지, 빠진 내용이 없는지, 불필요한 부분은 없는지, 팩

트가 틀린 부분은 없는지를 살핍니다. 기사 마감 시간이 다가올 때 못지않게 집중력을 발휘해야 할 순간입니다.

디지털 화면으로 기사를 읽는 것과 종이로 인쇄한 기사를 읽는 것은 큰 차이가 있습니다. 디지털 화면으로 읽을 때는 주의가 쉽게 분산됩니다. 집중하려고 노력하는데도 글이 눈에 잘 들어오지 않습니다. 기사를 송고하기 전까지 노트북 화면이 뚫어져라 읽고 또 읽었는데, 종이로 인쇄해 다시 읽어보면, 놓친 부분이 보입니다. 그래서 이때만큼은 저도 펜까지 동원해가며 꼼꼼하게 기사를 읽습니다.

축쇄지를 볼 때는 파란색 펜을 고릅니다. (빨간색 펜이 눈에 잘 띄기는 하지만 어릴 때 기억(?) 때문인지 빨간펜으로 기사를 난도질하는 게 그리 유쾌하지 않더라고요.) 첫 문장부터 마지막 문장까지 종이를 펜 끝으로 짚어가면서 읽습니다. 눈으로만 읽다 보면, 어느 순간 집중력이 흐트러져 읽던 부분을 놓치기도 하거든요. 시간은 조금 더 걸리지만, 놓치는 부분 없이 구석구석 읽을 수 있습니다. 주의력을 잃지 않고 끝까지 글에 집중할 수 있는, 효과적인 방법입니다.

글을 이해하려면, 글에 시선을 머무르게 해야 합니다. 단어와 문장, 글에 주의를 기울이는 거예요. 그래야 이해하는 데만 집중할 수 있습니다. 어떤 환경에서든 능숙하게 주의력을 발휘할 수 있으면 좋겠지만, 우리 주변에는 읽기를 방해하는 요소가 많습니다. 의식적으로 방해 요소를 없애거나 차단하지 않으면 쉽게 시선을 빼앗깁니다. 시선을 빼앗기지 않기 위해 보다 적극적인 방법이나 도구를 동원해야 할 수도 있습니다. 기자들이 다 쓴 기사를 종이에 인쇄해 펜으로 짚어가면서 읽는 것처럼요.

손끝 따라 읽기

책을 읽어 주다 보면 "엄마, 지금 어디 읽고 있어요?"라고 아이가 묻습니다. 한글을 떼고 글자를 혼자 읽기 시작하면서 이 질문을 자주 하더군요. 한두 번 읽은 책보다는 여러 번 읽은 책을 다시 읽을 때 더 궁금해했어요. 그때부터는 단어와 문장을 하나하나 손끝으로 짚어가면서 읽어줍니다. 그러면 아이는 읽어 주는 사람의 속도에 맞춰 손끝을 따라 시선을 옮기면서 읽기 시작합니다. 저는 이 반응을 아이가 깊이 읽기를 준비하는 신호라고 생각했습니다. 부모가 책을 읽어 주는 소리에 의지하지 않고 직접 눈으로 글자를 보고 내용을 파악하기 위해 주의를 기울이는 행동처럼 보였거든요. 그렇게 손끝을 따라 읽다가 아는 단어가 나오면 아는체하고, 기억이 안 나는 단어는 다시 질문하면서 자기만의 방식으로 내용을 이해했습니다. 자기 생각을 보태기도 하고요. 이전보다 능동적이고 적극적으로 책을 읽기 시작한 겁니다.

글을 제대로 이해하려면 깊이 읽어야 합니다. 깊이 읽기의 첫발은 글을 대충, 허투루 읽지 않는 겁니다. 훑어보거나 건너뛰지 않고 처음부터 끝까지 찬찬히 읽어야 합니다. 읽다가 모르는 부분이 나오면 잠시 멈춰 생각하고 이해한 후에 다음으로 넘어가야 합니다. 손끝 따라 읽기는 아이의 시선을 글에 끝까지 머물게 하는 데 효과적이었습니다.

종이책으로 시선 붙잡기

혼자 읽을 줄 아는 아이들, 읽기 독립을 한 아이들의 경우 감각을 동원해 읽는 게 도움이 됩니다. 준비물은 종이책입니다. 요즘은 전자책도 잘 나오지만, 디지털 화면 속 활자보다는 종이에 인쇄된 활자가 주의력을 키우기에는 더 적합합니다. 터치한 번에 화면이 순식간에 바뀌는 전자책보다는 손으로 책을 펼치고 한 장씩 낱장을 넘기면서 읽는 종이책은 오롯이 내용에 집중하게 만듭니다.

평소 종이책과 전자책을 가리지 않고 읽는 편인데요. 가볍게 읽을 책은 종이책이든 전자책이든 상관이 없지만, 내용을 깊이 들여다봐야 할 때는 종이책을 선호합니다. 전자책으로 읽다가도 종이책으로 바꿔 읽기도 합니다. 종이책을 읽었을 때 기억에 훨씬 오래 남거든요. 특히 책의 어느 부분쯤, 어떤 위치에서 본 내용인지 어렴풋이라도 떠올리려면 종이책이 유리했습니다.

아이도 비슷했습니다. 외출하면서 깜빡하고 책을 챙겨오지 못해 전자책을 보여준 적이 있습니다. 평소 혼자 종이책을 읽을 때는 적어도 정해진 시간만큼은 집중하던 아이였는데, 전자책을 읽을 때는 산만한 모습을 보였습니다. 읽던 부분을 놓치거나 실수로 화면을 터치하는 바람에 페이지가 뒤로 넘어가 흐름이 깨졌고, 나중에는 그만 보고 싶다고 하더군요. 눈이 아프다고 하면서요. 분명 재미있겠다고, 직접 골랐던 책인데, 아이는 이 책을 다시 읽고 싶어 하지 않았습니다. 종이책으로 읽고 이해하는 연습을 충분히 하는 게 우선입니다.

표시하면서 읽기

연필이나 펜으로 줄을 그으면서 읽는 것도 좋습니다. (도서관에서 빌린 책에는 곤란합니다. 에티켓을 지켜주세요.) 교육심리학자들도 밑줄을 그으면서 읽을 때 우리 뇌가 훨씬 잘 반응해 정보를 오래 기억할 수 있다고 주장합니다. 교과서처럼 정보나 지식을 얻기 위한 책을 읽을 때 특히 효과적입니다.

조선 후기의 유학자이자 실학자인 다산 정약용은 손으로 읽는 독서, '초서抄書'를 강조했습니다. 중요한 내용을 따로 정리하는 걸 가리키는데요. 무작정 베껴 쓰는 게 아닙니다. 자신의 생각을 정리한 후 이를 기준으로 취할 것은 취하고, 버릴 것은 버리는 것입니다. 선택한 문장에 자기 생각을 보태 책을 온전히 자기 것으로 만들었죠. 그가 500여 권의 책을 쓸 수 있었던 비결이 '초서'였다고 전해집니다.

저는 주로 핵심적인 내용이나 다시 읽고 싶은 문장에 밑줄을 긋는데요. 아이들의 경우 처음에는 모르는 단어, 이해가 안 되는 내용 등에 밑줄 치면서 읽도록 권해보세요. 책을 다 읽고 나면, 밑줄 그은 부분을 함께 살펴보는 겁니다. 모르는 단어는 찾아보고, 왜 이해하기 어려웠는지를 생각해보는 거죠. 다시 읽을 때는 중요하다고 생각하는 내용이나 단어를 표시하면서 글의 내용을 깊이 이해할 수 있게 이끌어주는 게 좋습니다.

책을 읽다가 떠오르는 생각이나 감정이 있다면 줄을 긋고 옆에 포스트잇을 붙여 메모하는 것도 추천합니다. 필사해도 좋아요. 따로 공책을 마련해서 기억하고 싶은 문장이나 구절을 쓰는 겁니다. 손을 움직여 쓰다 보면 천천히 내용을 곱씹을 수 있어요. 독후감은 부담스러워도 필사는 누구나 쉽게 시작할 수 있습니다. 거기에 자기 생각을 짧게 덧붙이는 겁니다. 글보다 그림이 편한 아이라면 간단하게 그림을 그려도 괜찮습니다. 읽으면서 기록하면 그 여운이 오래갑니다. 책의 제목과 내용, 기억에 남는 부분과 자기 생각이 꼬리에 꼬리를 물고 떠오릅니다.

한자어와 친해지면
어휘가 풍부해진다

초등학교 5학년 때의 일입니다. 아버지의 손에 이끌려 서당에 처음 갔습니다. 서당이라고 하니, 길게 수염을 늘어뜨리고 엄한 표정으로 한자를 가르치는 훈장님이 먼저 떠올랐던 것 같아요. 그래서인지, 서당에는 다니고 싶지 않았습니다. 가기도 전에 지레 겁을 먹고 위축된 거예요. 그전까지 뭐든 억지로 시키는 법이 없었던 아버지인데, 여러 번 저를 설득하기 위해 애쓰던 기억이 납니다.

막상 가보니, 책에서 봤던 그런 옛날 서당이 아니었어요. 한자 부수를 배우고, 한 글자가 어떤 부수로 구성돼있는지 그 원리를 익혔습니다. 한자와 조금 익숙해지고 나서는 옛날 어린이들의 교과서였던 《사자소학四子小學》과 《명심보감明心寶鑑》, 《격몽요결击蒙要诀》 등을 배웠습니다. 한자를 쓰고 읽는 것보다는 뜻과 구절의 해석에 초점을 맞춘 수업이었어요. 그 원리를 알고 나니 한자어가 마냥 어렵게만 느껴지지 않았습니다. 알아가는 재미에 몇 년 동안 꾸준히 배울 수 있었어요.

돌이켜보면, 이때 익힌 한자 실력으로 지금까지 버틴 거였어요. 서당에서 경험한 한문 공부가 평생 어휘력의 밑거름이 됐습니다. 그 덕분에 공부할 때도, 책을 읽을 때도, 글을 쓸 때도 어휘 문제로 큰 어려움을 겪은 적이 없었어요. 모르는 단어가 있으면 국어사전을 찾고, 어떤 한자로 이뤄진 한자어인지를 살폈습니다. 한자의 뜻을 알면 단어의 의미를 이해하는 게 한결 수월했거든요. 성인이 된 후에 아버지께 말씀드렸습니다. "그때 끝까지 서당으로 이끌어주셔서 감사하다."라고요.

한자어 비중이 큰 한국어

서당에 다닌 경험이 평생 어휘력에 영향을 준 이유는 간단합니다. 한국어 어휘에서 한자어가 가장 큰 비중을 차지하기 때문입니다. 한자는 '표의表意 문자', 즉 '뜻글자'입니다. 글자 하나하나가 뜻을 품고 있습니다. 그래서 처음 보는 한자어도 어떤 한자로 구성돼있는지만 알면 충분히 의미를 파악할 수 있습니다. 주요 교과목을 공부할 때 알아야 하는 학습도구어는 특히 한자어가 많아서 중요 개념이나 용어를 이해할 때 도움이 됩니다. 소리는 같지만, 뜻이 다른 한자어를 구별할 수 있는 단서도 한자에 있습니다.

가령, '수학'이라는 단어는 여러 의미가 있습니다. 교과목의 하나로, 수량이나 공간의 성질에 관해 연구하는 학문을 뜻하는 '수학數學', 학문을 닦는다는 의미의 '수학修學', 학문을 배우거나 수업을 받는다는 뜻의 '수학受學'입니다. 다 똑같은 수학이지만, '수'의 한자가 다릅니다. 각각 셈 수, 닦을 수, 받을 수라고 읽는데, '수'라는 음은 같아도 뜻이 전혀 다릅니다. 한자의 뜻에 따라 단어의 의미도 달라지는 거죠. 한자어를 구성하는 한자를 알면 개념을 혼동하지 않습니다. 쓰임에 맞게 단어를 활용할 수 있습니다.

쓸 줄 몰라도 괜찮아

문해력을 키우려면 어휘력이 바탕이 돼야 하고, 어휘력을 높이려면 한자를 아는 것이 유리합니다. 그런데 한자가 중요하다고 하니, 영어 단어를 외울 때처럼 한자도 달달 외워야 한다고 오해하는 분들이 적지 않습니다. 글자 하나하나를 완벽하게 외우고 써야 할 특별한 이유가 있는 게 아니라면 이 방법은 추천하고 싶지 않습니다. 문해력을 키우기까지 갈 길이 먼데, 한자만 배우다가 질릴 게 뻔합니다.

같은 이유로, 처음부터 한자 급수 자격증 공부를 시키기도 합니다. 한자도 배우고 자격증까지 딸 수 있으니 선호하는 것이지요. 한자 급수 자격시험에서 합격하려면 암기는 필수입니다. 한자의 음과 뜻, 한자어의 독음, 뜻에 알맞은 한자어 등을 정확하게 써야 하거든요. 시험을 준비하는 과정도 녹록하지 않습니다. 시험 일정에 맞춰 급수별 배정 한자를 무작정 외우려고 하다 보니, 한자와 한자어의 구성을 하나하나 이해하면서 살피기 어렵습니다.

요즘은 졸업 요건으로 한자 자격증을 요구하는 대학교가 있습니다. 요건을 갖추기 위해서 짧게 공부하고 자격증을 따는 대학생이 적지 않은데요. 한자 공부의 유효기간은 무척 짧더군요. 분명히 공부했고, 자격증까지 땄는데 기억이 나지 않는다고 하소연합니다. 시험을 치르기 위해 외우기만 한 공부는 오래가지 않습니다.

저는 《사자소학》과 《명심보감》 같은 교재로 한문을 공부한

후에 한자 급수 자격시험에 응시했습니다. 3급 시험에 도전했
는데요. 익숙한 한자, 한자어가 많아서 큰 어려움 없이 시험을
치렀습니다. 이후 대학교에 들어가서 2급 시험을 쳤습니다. 서
당을 그만둔 지 수년 만에 공부하려니 막막하긴 했지만, 어린
시절 배운 내용을 바탕으로 친구들보다 여유롭게(?) 졸업 자격
요건을 갖출 수 있었습니다.

어휘력 향상이 목적이라면 우선 한자어, 한자와 거리감을 좁
히는 데 초점을 맞춰야 합니다. 자주 접하는 한자어의 뜻을 알
려주고 왜 이런 의미를 갖는지 그 원리를 알아보는 정도면 충
분합니다. 일상생활이나 책에서 다시 만났을 때 떠올릴 수 있
을 만큼만요. 그렇게 차근차근 익숙해지는 전략이 효과적입니
다. 그런 후에 (아이가 원한다면) 한자 급수 자격시험에 응시하는
것을 추천합니다.

문장과 글 속에서 접하기

목구멍이 포도청捕盜廳

초로草露 같다

악어의 눈물

세 표현의 공통점은 무엇일까요? 정답은 '관용 표현'입니다. 둘 이상의 낱말이 합쳐져 원래의 뜻과는 다른 새로운 의미로 쓰이는 표현을 말합니다. 대표적으로 관용어와 속담 등이 있습니다.

'포도청'은 조선 시대에 범죄자를 잡거나 다스리는 일을 맡아보던 관아를 가리킵니다. 인체의 한 부분을 의미하는 '목구멍'과는 전혀 연관성이 없어 보이는데요. 두 단어를 합치면 '먹고살기 위해서 해서는 안 될 짓까지 하지 않을 수 없음.'을 뜻하는 속담이 됩니다. '초로'는 풀잎에 맺힌 이슬을 말합니다. 풀잎에 맺힌 이슬은 언제 떨어질지 모릅니다. 그래서 인생이나 해온 일 따위가 덧없고 허무함을 표현할 때 '초로(와) 같다.'는 표현을 쓰는 거죠.

'악어의 눈물'도 마찬가지입니다. 악어의 습성을 빗댄 관용어인데요. 악어는 먹이를 잡아먹을 때 입 안에 수분을 보충하려고 눈물을 흘린다고 합니다. 그런데 이것이 마치 잡아먹히는 동물이 불쌍해서 흘리는 눈물로 보인다는 겁니다. 그래서 악어의 눈물은 '거짓 눈물'을 비유할 때 쓰입니다.

관용 표현은 낱말의 사전적인 의미만 생각하면 도대체 무슨 말인지 알 수가 없습니다. 특정 상황이나 모습을 빗댄 비유적인 표현이 많아서 앞뒤 문맥과 상황을 파악해야 그 뜻을 짐작할 수 있습니다. 관용 표현을 익히는 효과적인 방법은 문장과 글

속에서 어떻게 쓰이고 무엇을 뜻하는지를 경험하는 것입니다.

어휘력을 키우기 위해 한자어를 배울 때도 문장과 글로 접하는 게 효과적입니다. 한자어와 한자어를 구성하는 한자의 뜻을 알아도 문장에서, 글에서 어떻게 쓰이는지 알지 못하면 애써 노력한 의미가 없습니다. 문장과 글은 한자어의 쓰임을 다양하게 접할 수 있는 '예시'입니다. 아이들을 가르칠 때 다양한 예시를 보여주는 이유는 이해와 활용을 돕기 위해서입니다. 어떤 개념과 원리를 알아도 활용할 줄 모르면 안다고 말하기 어렵습니다.

옛날 어린이들의 학습 교재, 《사자소학》

한자로 이뤄진 문장이나 글을 '한문漢文'이라고 하는데요. 어휘력을 높이려면 한자보다는 한문을 배우는 게 낫다는 생각입니다. 한문이라고 하면 심리적인 벽이 높은 편입니다. 서당에 다니느니, 차라리 영어 학원에 다니겠다고 버텼던 어린 시절의 저처럼요. 예상했던 것과 달리 재미있었습니다. 한자는 낯설었지만, 스토리가 흥미로웠거든요. 의미가 확 와닿지 않을 때 서당 선생님은 관련 이야기를 들려주셨습니다. 그래서일까요. 한자나 한자어를 힘들게 외우지 않아도 선생님이 들려주셨던 이야기가 먼저 떠올랐습니다.

처음 접하는 한문 교재로《사자소학》을 추천합니다. 사자소학을 한자 그대로 해석하면 '네 글자로 풀어낸 소학'이 되겠네요. 조선시대 아이들은 유학의 기본을 담은 '소학'을 배웠는데요. 아이들이 읽기에는 어려운 내용이 많아 네 글자로 쉽게 풀어 설명한 책이《사자소학》입니다. 지금으로 따지면, 유치원생과 초등 저학년생을 대상으로 한 교과서인 셈입니다. 부모와 가족, 주변 사람을 대할 때 어떻게 행동하는 것이 옳고 또 그른지를 알려주는 내용으로 구성돼있습니다. 또 나 자신을 다스리고 바르게 생활하도록 돕습니다.

《사자소학》의 장점은 부담이 적습니다. 내용이 단순하고 양도 많지 않아요. 하루에 하나씩 읽고 해석해 그 안에 포함된 한자의 뜻과 쓰임을 살피는 걸 목표로 시작해보세요. 부담스럽지 않은 선에서 따라 쓰기도 해보세요. 한자의 모양을 익히는 데 도움이 됩니다.

《사자소학》은 반복해서 읽는 게 효과적입니다. 문장을 매일 하나씩 더해가는 겁니다. 새로운 문장을 공부하기 전에 전날 배운 문장을 한번 되새겨보는 거예요. 그런 다음 오늘 공부할 문장을 읽어보세요. 다음 날에도 마찬가지입니다. 하면 할수록 아는 한자가 많아지고 문장을 어떻게 해석해야 하는지를 체득하게 됩니다.

《사자소학》 책은 아이가 직접 고르게 하세요. 한자어의 중요성이 강조돼서 그런지 다양한 책이 시중에 나와 있습니다. 구성도 다양하고요. 아이가 재미있게 읽을 수 있는 책으로 부담 없이 시작하는 게 핵심입니다. 한자나 문장을 무작정 암기하는 방식은 지양하세요. 이해 없는 암기는 어휘력 향상에 도움이 되지 않습니다.

한자어 가지치기로 어휘 확장하기

학교學校, 학생學生, 학업學業, 학급學級….

앞서 열거한 단어는 모두 한자 '배울 학學'으로 구성된 한자어입니다. 자주 접하는 단어인 학교, 학생의 뜻은 알아도 학업, 학급의 뜻을 모른다면, 한자 '배울 학'이 단서가 될 수 있습니다. 뒤따라오는 한자를 정확하게 몰라도 '배우다'라는 뜻이 담긴 단어라고 유추할 수 있는 거죠. 각 한자의 의미를 알고 나면 학업은 '공부하여 학문을 닦는 일'을 의미하고, 학급은 '한 교실에서 공부하는 학생의 단위 집단'이라는 뜻을 가진다는 걸 이해할 수 있습니다. 한자 하나로 어휘를 확장할 수 있습니다.

어휘 확장하기는 놀이처럼 즐기기에 딱입니다. '한자어 가지치기'라고 이름 붙여 봤어요. 가령, '언행言行'이 '말과 행동'을 가리키는 단어라는 걸 이해하고 나서 '말씀 언言'이 사용된 한 자어를 찾아보는 식입니다.

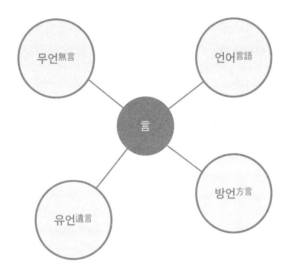

- 무언: 말이 없음

- 언어: 생각이나 느낌을 말이나 글로 전달하는 수단

- 방언: 어느 한 지방에서만 쓰는, 표준어가 아닌 말

- 유언: 죽음에 이르러 남기는 말

한자어 활용해 문장 만들기

'말씀 언言'이 쓰인 한자어를 찾았다면, 이번에는 문장을 만들어보세요. 예문을 직접 만들어 보는 겁니다. 문장에서 단어가 어떻게 쓰이는지를 정확하게 알 수 있습니다.

> 무언의 눈빛을 주고받았다.
> 나는 언어 능력이 뛰어나다.
> 우리 조는 방언을 조사했다.
> 할머니가 마지막 유언을 남겼다.

'한자어 가지치기'나 '한자어 문장 만들기'를 할 때 국어사전을 이용해도 좋습니다. 정확한 뜻을 알 수 있을 뿐 아니라 다양한 예문을 만날 수 있거든요. 어휘력을 키우고 싶다면, 다양한 문장과 글을 접해야 합니다.

대화로 키우는 일상어

자기 생각과 감정을 상대방에게 정확하게 표현하려면 어휘력을 길러야 합니다. 모국어 말하기는 자라면서 자연스럽게 배우지만, 말의 재료인 어휘는 '업그레이드'를 반복해야 하거든요. 어휘력이 부족하면 성인이 돼서도 일상생활은 물론 사회생활에도 어려움을 겪습니다. 때와 장소, 목적, 상황에 맞게 언어를 구사하는 것은 어휘가 뒷받침되지 않으면 불가능하기 때문입니다. 어휘를 업그레이드하는 방법은 단순합니다. 많이 듣고, 많이 읽기입니다. 책을 읽어주는 것을 듣고, 스스로 책을 읽어야 어휘가 차곡차곡 쌓입니다.

책 읽기가 어휘력을 높이는 데 절대적이기는 하지만, 일상어를 키우는 방법은 또 있습니다. '대화'입니다. 일상어는 우리가 평소에 사용하는 어휘예요. 아이와 함께 책을 읽을 때도 대화를 강조했는데요. 일상생활에서도 어떻게 대화하느냐에 따라 아이의 일상어가 다채로워집니다. 일상어가 풍부해지면 표현력이 좋아지고 소통이 한결 수월해집니다.

구체적이고 정확한 단어로 대화해야

아이가 어렸을 때는 부모의 말도 아이의 눈높이에 맞춰집니다. 대화할 때 아이가 이해하기 쉽도록 우리가 평소에 쓰던 것과는 다른 언어를 쓰곤 합니다. 이를 '유아어'라고 합니다. 유아어는 영·유아기 때 주로 사용하는데요. 옷은 꼬까, 밥은 맘마, 개는 멍멍이, 과자를 까까라고 부르는 걸 말합니다. 아동기에 접어들면서 유아어 사용을 줄이는 게 일반적이지만, 언제, 어느 시점에 바꿔서 사용해야 할지 고민하기도 합니다. 아이가 이해할 수 있을지 걱정하는 거죠.

아이가 아동기에 접어들면, 다양한 일상어를 들려주는 게 좋습니다. 아이의 눈높이에서 대화하는 것은 좋지만, 일부러 쉬운 어휘만 골라 사용할 필요는 없다는 생각입니다. 구체적이고 정확한 단어로 대화해야 자연스럽게 일상어를 배우고 이해할 수 있습니다.

아이와 차를 타고 외출했을 때의 일입니다. 아이는 키즈카페에서 뛰어놀 생각에 '빨리 가고 싶다.'를 외치던 참이었습니다. 얼른 도착해서 놀고 싶다는 의미였죠. 세상일이 마음처럼 되면 좋겠지만, 지나가는 신호등마다 빨간색으로 바뀌는 바람에 여러 번 멈춰 서야 했습니다. 좌회전 신호를 기다리는데, 직진 신호로 바뀌는 걸 본 아이가 '이제 가자.'고 외치더군요. 출발하라는 말이었어요. 정확한 어휘를 알려줘야 할 때가 됐다고 생각했습니다. '가다'라는 단어만으로 이 상황을 설명하고 자기 의사를 전달하기에는 뭔가 부족해 보였거든요.

"저건 직진하라는 신호야. 우리는 지금 좌회전 신호를 기다리고 있어. 키즈카페는 좌회전해야 갈 수 있어. 좌회전 신호로 바뀌기 전까지 출발할 수 없어."

차를 타고 이동할 때는 '가다', '멈추다', '앞으로', '왼쪽으로', '오른쪽으로' 같이 말하는 것보다는 '출발', '정지', '직진', '좌회전', '우회전'으로 표현하는 게 의사소통에 유리합니다. 상대방이 말의 의미를 오해하지 않고 정확하게 이해할 수 있습니다.

'너의 말을 이렇게 이해했는데, 이게 맞는지'를 되묻지 않아도 되고요. 아이가 뜻을 몰라 어리둥절하면 아이의 눈높이에서 설명을 해주세요. 예시를 들어주면 더욱 좋습니다.

놀이하면서 일상어 늘리기

놀이할 때도 일상어를 확장할 수 있습니다. 특히 보드게임을 추천하고 싶어요. 보드게임은 게임판 위에서 말이나 카드를 이용해 진행하는 게임으로, 일정한 규칙을 따라야 한다는 특징이 있습니다. 보드게임을 시작하기 전에 먼저 아이와 설명서를 읽어 보세요. 보드게임의 구성품, 게임 규칙, 게임 방법 등을 살피는 거예요. 설명서는 대개 간결하고 명료하게 쓰여 있습니다. 구구절절한 설명 대신 명확한 단어를 사용해서요. 설명서만 읽으면 누구나 게임을 즐길 수 있어야 하니까요. 책 읽는 걸 즐기지 않는 아이도 설명서를 읽을 때는 눈을 부릅뜰 수밖에 없습니다. 이기고 싶으니까요.

아이와 보드게임 '모노폴리 주니어 버전'을 해봤어요. 부동산 전략 게임인데요. 생소한 경제 용어와 개념을 게임을 통해 접할 수 있게 구성돼 있습니다. 생각보다 재미있어서 게임에 정신이 팔려있는데, 아이가 말했습니다. "엄마, 돈 내야지. 내 땅에 들어왔으니까 주인한테 돈을 줘야 하잖아." 일상어를 키울 좋은 타이밍이었습니다. "그렇네! 이 땅의 소유주한테 임대료를 지불해야겠군."

게임의 흐름이 아이에게 유리한 방향으로 흘러가던 순간이었습니다. 아이는 "이러다가 엄마 곧 죽겠다."라고 하더군요. 그래서 대답했어요. "어휴, 맞아. 이러다가 엄마 파산하겠어. 어쩌지?"

모노폴리 게임을 하면서 접한 어휘는 다음과 같습니다. '현금', '재산', '소유주', '파산', '부동산', '지불', '임대료' 등입니다. 이 단어들을 무작정 가르치려고 했다면 어땠을까요? 과연 아이가 온전히 이해하고 받아들일 수 있었을까요? 보드게임은 아이와 재미있는 시간을 보내면서 유대감을 높이고 어휘력까지 키울 수 있는 놀이입니다.

대화로 일상 어휘를 키울 때는 아이가 지적당하거나 틀렸다는 느낌을 받지 않게 해주세요. 아이의 생각을 인정해주고 더 나은 표현으로 바꿔 대화를 이어가는 게 좋습니다. 대화의 목적은 '교정'이 아닙니다. 쉽고 단순한 어휘 대신 쓸 수 있는 고급 어휘를 차곡차곡 쌓도록 돕는 '경험'과 '축적'에 목적이 있습니다.

블리츠 | 단어 연상 순발력 게임

- 난이도: ★★★☆☆
- 가능 인원: 3~6명
- 소요 시간: 20분

라온 | 한글 자음과 모음 타일을 이용해 단어를 나열하고 구성하는 한글 단어 게임

- 난이도: ★☆☆☆☆
- 가능 인원: 2~4명
- 소요 시간: 10분 내외

고피쉬 | 한글의 자음, 모음, 받침 글자까지 단어와 예문을 함께 익힐 수 있는 게임

- 난이도: ★☆☆☆☆
- 가능 인원: 2~5명
- 소요 시간: 10~20분

5초 준다 | 정해진 주제에 해당하는 단어를 5초 안에 말하는 게임

- 난이도: ★★☆☆☆
- 가능 인원: 3명 이상
- 소요 시간: 15분 내외

'좋아.', '싫어.' 대신 감정 어휘 사용하기

요즘 아이들이 자기 기분과 느낌을 표현하는 단어는 참 단출합니다. 좋아, 싫어, 몰라…. 두루뭉술하고 애매합니다. '좋다.', '싫다.'는 말속에는 다양한 감정이 숨어있는데 말이죠. 자신의 감정을 제대로 알아채는 것은 어른에게도 무척 어려운 일입니다. 어떻게 말해야 할지 고민스럽고 헷갈리기도 합니다. 감정을 드러내지 않고 점잔 빼는 것을 미덕으로 여기는 사회적인 분위기도 한몫하고요. 하지만 감정을 감추기만 해서는 건강한 삶을 살기 어렵습니다.

흔히 부정적인 감정을 느끼는 것 자체를 나쁘다고 인식하는데요. 전문가들은 나쁜 감정은 없다고 말합니다.《감정의 발견》을 쓴 예일대 감성지능센터장 마크 브래킷 교수는 감정을 현명하게 활용해야 성공할 수 있고, 또 행복해질 수 있다고 주장합니다. 특히 아이들이 감정을 받아들이고 현명하게 사용하는 법을 배워야 한다고 강조하죠. 그 시작을 다양한 감정을 있는 그대로 인식하고 정확하게 이해해 구체적인 이름을 붙이는 데서 찾습니다.

'좋아.', '싫어.' 대신 사용할 수 있는 '감정 어휘'를 일상생활에서 알려주세요. 아는 만큼 자기감정이 보이고 솔직하게 표현할 수 있습니다. 감정 어휘를 익힐 수 있는 마법의 질문이 있는데요. 바로 "기분(느낌)이 어때?"입니다.

하루에 한 번은 아이에게 기분과 느낌이 어떤지를 묻습니다. 어떤 상황을 맞닥뜨렸을 때 기분이 어땠는지를 아이 스스로 생각할 시간을 주는 거예요. 감정이 잦아들고 나서요. 그러면 아이는 곰곰 생각하고 아는 어휘를 동원해 설명합니다. 아이의 이야기에 귀를 기울여 듣고 나서는 아이가 발견한 기분과 느낌이 어떤 감정이었는지를 알려주는 거예요. "아, 그랬구나, 그런 기분이 들었구나. 네가 느낀 감정의 이름은 ○○이야."

처음으로 혼자 마트 심부름을 다녀왔을 때(자랑스러움), 몇 달동안 열심히 준비한 태권도 승품 심사에 합격했을 때(기쁨), 하기 싫은 숙제지만, 끝까지 해냈을 때(뿌듯함), 오랜만에 할아버지, 할머니를 만났을 때(반가움), 킥보드를 신나게 타고 샤워했을 때(상쾌함)….

또 방과후학교 수업에 들어갔는데, 아는 사람이 한 명도 없을 때(당황스러움), 동생이 허락 없이 장난감을 만지다가 망가뜨렸을 때(화), 영상을 보다가 꺼야 할 시간이 다가왔을 때(아쉬움), 놀이공원에 가기로 했는데 갑자기 못 가게 됐을 때(실망), 자기 방에서 홀로 자야 한다고 생각했을 때(불안)….

아이와 대화를 나눈 후 감정 카드나 감정을 소재로 한 책을 활용해도 좋습니다. 아이의 경우, 그림책《데이지와 감정 드래곤》,《감정에 이름을 붙여 봐》등을 재미있게 읽었습니다.

아이는 부모의 거울

떠올릴 때마다 뒷덜미가 서늘해지는 말이 있습니다. '아이는 부모의 거울'이라는 말인데요. 아이의 말과 행동에 가장 많은 영향을 주는 건 부모라는 의미입니다. 특히 아이들은 '따라 하기'를 통해 말을 배웁니다. '헐', '대박'처럼 무심코 했던 말이 아이의 입에서 나올 때마다 부모의 언어 습관이 아이의 언어생활에 얼마나 절대적인 영향을 주는지를 실감합니다.

일과 육아로 많이 지쳐있던 어느 날이었습니다. 아마도 번아웃이었던 것 같아요. 바늘 하나 들어갈 틈이 없을 만큼 여유가 없었습니다. 몸과 마음이 힘드니까 부정적인 생각이 머릿속을 가득 채우더군요. 말에도 가시가 돋았습니다. 저도 모르게 '안 돼.', '싫어.', '됐어.', '그만해.', '아니야.' 같은 부정적인 말이 나왔습니다. 당시에는 스스로 이런 말을 내뱉는 사실조차 알아차리지 못했어요. 그러다 아이를 보고 아차, 싶었습니다. 제 모습을 닮아있었거든요. 부쩍 짜증이 많아지고 떼를 부리면서 불편한 감정을 드러내더니, '아니야', '하지 마', '싫어'라고 말하는 빈도가 잦아지더군요. 나중에는 결국 아이와의 관계에 빨간불이 들어왔습니다. 부모의 부정적인 감정에서 비롯한 부정적인 단어는 아이를 힘들게 만들 수 있음을 아프게 깨달았습니다.

이후로 긍정적인 언어를 사용하려고 노력했어요. 부정적인 단어를 썼더니 생각도 일상도 부정적인 방향으로 흐르는 듯한 느낌을 받았거든요. 사실, 쉽지는 않았습니다. 밑바닥에 가라앉은 마음을 하루아침에 위로 끄집어내기란, 무척 어려웠습니다. 그런데 참 신기하죠? 부정적인 단어를 긍정적인 단어로 바꿨을 뿐인데, 기분이 한결 나아졌습니다. 못 하겠다, 힘들다, 하기 싫다고 말할 때는 어떤 희망도 보이지 않더니, 괜찮다, 나아질 거다, 지나간다, 한번 해보자, 되뇌었더니 조금씩 변화가 생기더군요.

아이와의 대화도 긍정 언어로 채워 나갔습니다. '사랑해.', '고마워.', '기특해.', '자랑스러워.', '감동이야.', '널 믿어.', '네 덕분

이야.', '노력하는 모습이 예뻐.', '실수해도 괜찮아.', '넌 소중한 사람이야.', '네 생각을 존중해.', '넌 할 수 있어.' 같은 말로요. 긍정적인 언어의 경험이 쌓이자 아이의 입에서도 긍정적인 말이 나오기 시작했습니다.

아이는 부모의 말의 듣고 자랍니다. 우리가 쓰는 단어가 고스란히 아이에게 전해집니다. 부정적인 감정의 전염 속도는 긍정적인 감정보다 빠르다고 해요. 전염된 감정을 다시 되돌리는 데는 많은 시간이 필요하고요. 부모의 말은 아이의 말, 그리고 아이가 사용하는 어휘에도 영향을 미칩니다.

학습도구어 키우는 키워드: 교과서와 정독

대학수학능력시험에서 고득점을 받은 학생들, 공부 잘한다고 소문이 자자한 학생들을 인터뷰한 적 있습니다. 뻔한 기사가 되지 않으려면 독자들이 가장 궁금해하는 '우등생의 공부 비법'을 묻고 담아내야 했는데요. 학생들을 만나면 참 허무할 정도로 뻔한 레퍼토리가 반복됐습니다. 네, 예상하는 그 이야기가 맞습니다. 예습·복습 철저히, 학교 수업에 집중, 사교육은 부족한 과목을 보충하는 보조 수단으로 활용했다는 스토리요. 여기에 가장 핵심적인 한 가지가 더 있었습니다. "교과서를 중심으로 공부했어요."

학교 교사들도 상위권 성적을 유지하는 학생들의 공통점으로 '교과서'를 꼽습니다. 왜 교과서일까요?《교과서는 사교육보다 강하다》를 쓴 배혜림 교사는 이렇게 설명합니다.

"대한민국 교육 체계는 모든 것이 '교과서'를 중심으로 짜이고 실행된다고 해도 과언이 아닙니다. 교과서는 초·중·고 12년을 연결하는 가장 단단한 커리큘럼을 가진 교재입니다."

한마디로, 공부를 잘하려면 교과서부터 이해해야 합니다. 교과서를 이해하려면 어휘력이 뒷받침되어야 하죠. 특히 교과목의 주요 개념이나 용어 즉, 학습도구어를 정확하게 알아야 합니다. 학습도구어를 제때, 제대로 습득하지 못하면 수업을 이해하는 것은 물론 진도를 따라가지 못해 학습 부진과 격차를 불러오기 때문입니다.

읽는 태도가 정독으로

여러 번 강조했지만, 어휘력을 키우는 가장 효과적인 방법은 '읽기'입니다. 학습도구어를 익히려면? 교과서를 읽어야 합니다. 초·중·고 교육과정은 체계성과 연계성을 갖고 있어서 기초부터 단단하게 다져놓지 않으면 흔들리게 돼있습니다. 초등학교 때부터 차곡차곡 쌓아 올려야 중학교, 고등학교에 올라갔을 때 어휘로 인한 어려움을 겪지 않습니다.

> "수천 권의 책을 읽어도 그 뜻을 모르면 읽지 않은 것과 같
> 다. 읽다가 모르는 문장이 나오면 관련된 다른 책을 찾아 반
> 드시 뜻을 알고 넘어가라. 그 뜻을 알게 되면 반복하여 읽어
> 머릿속에서 떠나지 않게 하라."

다산 정약용이 아들 정학유에게 보낸 편지에서 당부한 것으로 알려진 이 말은 교과서를 어떻게 읽어야 할지를 한눈에 보여줍니다. 깊이 읽기, '정독'의 방법을 알려줍니다.

정독의 핵심은 '허투루 읽지 않는 것'입니다. 놓치는 부분 없이 꼼꼼히 읽어야 합니다. 교과서는 학년마다 과목별로 반드시 알아야 할 핵심 내용으로 구성돼있습니다. 제목과 목차, 사진, 그래프, 지도 등 어느 것 하나 이유 없이 포함된 요소가 없는데요. 그중에서도 중요한 내용은 서체 모양을 달리하거나 보충 설명을 덧붙이는 방식으로 표시해서 꼭 이해하고 넘어가도록 돕습니다. 본문과 함께 교과서를 구성하는 모든 요소를 놓치지 않고 눈여겨봐야 하는 이유입니다. 교과서를 통째로 읽고 이해해 온전히 내 것으로 만드는 것. 이것이 '교과서 정독'입니다.

반드시 알아둘 것은 깊이 읽기는 연습이 필요하다는 점입니

다. 책을 좋아하지 않거나 읽지 않던 아이가 교과서를 깊이 읽기란 무척 어렵습니다. 훑어 읽기, 대충 읽기에 익숙한 아이는 교과서의 긴 글을 끝까지 읽어내는 게 부담스러울 수밖에 없어요. 교과서 정독은 책을 가까이하고 꾸준히 읽은, '읽는 태도'를 장착한 아이들이 훨씬 유리합니다.

교과서에 답이 있다

학습은 '진단'에서 시작합니다. 아는 것과 모르는 것을 구분하고 부족한 부분을 찾아야 채울 수 있습니다. 아이가 교과서를 얼마나 이해하고 있는지를 파악하려면 읽어야 합니다. 책을 읽으면서 읽기 수준을 가늠했던 것처럼요.

먼저, 제 학년의 교과서를 천천히, 소리 내 읽으면서 모르는 내용과 단어를 표시합니다. 모르는 부분은 반드시 짚고 나서 다음으로 넘어가야 해요. 국어사전이나 백과사전 등을 통해 완전히 이해하는 걸 목표로요. 알 듯 말 듯 한 단어는 앞뒤 문장의 맥락과 교과서에 등장하는 각종 요소를 동원해 뜻을 유추해보는 것도 좋습니다. 그런 다음, 사전으로 다시 한번 뜻을 정확하게 확인하고 넘어가는 방법을 활용해보세요. 교과서를 이해하는 기초체력을 단단하게 다지려면 하나도 흘려보내서는 안 됩니다. 모르는 부분을 채우고 나면 다시 처음부터 읽습니다. 아마 한결 이해하기가 수월할 거예요.

처음 한 번은 시간이 조금 걸릴지도 모릅니다. 모르는 걸 알아가는 과정을 지난하다고 느낄 수도 있어요. 하지만 책을 읽을 때를 떠올려보세요. 한 번 읽고, 또 읽고, 반복해 읽을수록 아이가 책의 내용을 더 잘 이해하게 되고, 나중에는 주인공의 대사를 줄줄 읊잖아요. 공부는 교과서 '깊이 읽기'와 '반복 읽기'가 전부라고 해도 과언이 아니라고 생각합니다.

읽기에 자신감 더하는 국어사전

중학교 입학을 앞두고 아버지 친구로부터 사전 두 권을 선물 받았습니다. 국어사전과 영어사전이었는데요. 입학 선물을 받아서 한껏 들떠 있다가 선물의 정체가 사전이라는 걸 알고 나서 꽤 실망했습니다. 글자가 빽빽하고 무겁기까지 해서 한동안은 들춰보지도 않았던 것 같아요. 그러던 어느 날, 책을 읽다가 모르는 단어가 있어서 답답한 마음에 국어사전을 펼쳤는데, 생각보다 유용한 겁니다. 단어의 사전적인 뜻과 함께 동음이의어(낱말의 발음은 같지만, 의미상 연관이 없어 뜻이 완전히 다른 말), 다의어(하나의 낱말이 여러 뜻을 나타내는 말), 반의어(뜻이 서로 반대되는 말) 등을 살필 수 있었거든요. 한자어일 경우, 사전적인 뜻을 확인하기 전에 단어를 구성하는 한자를 통해 의미를 유추해볼 수도 있었습니다. 단어 하나를 찾아봤을 뿐인데 그 뜻을 정확하게 이해하고 어휘를 확장할 수 있었죠.

종이 사전은 겉모양과 구성 자체만 보면 딱딱하고 재미없어 보입니다. 하지만 사전은 첫 페이지부터 끝까지 다 읽는 책이 아닙니다. 모르는 단어가 생길 때마다 필요한 부분만 쏙, 골라서 읽으면 됩니다. 국어사전을 처음 접하는 아이가 지레 겁을 먹지 않도록 사전의 용도를 미리 설명해주세요. 곁에 두면 궁금한 단어를 그때그때 물어볼 수 있는 든든한 길잡이가 돼줄 거라고요.

제가 학교에 다닐 때만 해도 전자사전이 인기였습니다. 생일 선물로 전자사전을 사달라고 할 정도였으니까요. 그때는 전자사전이 없으면 종이 사전을 볼 수밖에 없었습니다. 다른 선택지가 없었죠. 요즘은 인터넷 검색 한 번에 모든 걸 찾아볼 수 있습니다. 단어도 마찬가지예요. 인터넷 포털 사이트 검색창이나 온라인 사전에 입력만 하면 손쉽게 궁금증을 해소할 수 있습니다.

인터넷 검색이 편하고 빠르기는 하지만, 아이가 종이 사전을 먼저 접할 수 있게 해주세요. 검색 결과를 눈으로 보고 지나가는 것과 직접 종이를 넘기면서 찾는 것을 비교하면 후자가 기억에 오래 남습니다. 자음과 모음의 순서와 글자의 구성 원리를 이해하고, 어휘를 확장할 수 있다는 측면에서도 종이 사전이 유리합니다. 초등 국어 교육과정에도 국어사전 활용법이 포함돼 있습니다. 국어사전에서 낱말의 뜻을 찾는 방법, 낱말을 싣는 차례, 형태가 바뀌는 낱말 찾기 등을 다룹니다.

종이 사전을 고를 때는 일반 사전을 추천하고 싶어요. 초등학생을 위한 사전도 있지만, 수록된 단어가 한정적입니다. 어차피 나중에는 일반 사전으로 바꿔서 활용해야 하니, 처음부터 익숙해지는 게 낫다는 생각입니다.

종이 사전을 어느 정도 활용할 줄 안다면, 온라인 사전을 병행해 사용해보세요. 온라인 사전의 장점은 유의어와 반의어, 속담과 관용구까지 익힐 수 있다는 점입니다. 특히 단어가 문장에서 어떻게 활용되는지 예문을 통해 확인할 수 있습니다. 어휘력을 키우는 이유는 글을 정확하게 이해하기 위해서이기도 하지만, 필요에 따라 알맞은 단어를 언제든 꺼내쓰기 위해서이기도 합니다. 어휘 활용 능력을 높이려면 다양한 예문을 접해야 합니다.

세상에 한 권뿐인 어휘 노트

노트를 늘 가방에 넣고 다닙니다. 일정을 정리하는 노트, 책에서 기억에 남는 구절과 느낌을 적어두는 노트, 글감과 아이디어를 기록하는 노트…. 매일 아침, 필요한 노트를 가방에 챙겨 넣는 것으로 외출 준비를 마칩니다. 안 그래도 무거운 가방에 노트의 무게가 더해지지만, 그래도 포기할 수 없습니다. 무엇이든 기록하지 않으면 온전히 내 것이라고 말하기 어렵기 때문입니다. 보고 듣고 경험한 것들을 나만의 관점으로 이해하고 해석해 정리, 기록하는 과정을 거치고 나서야 내 것이 됩니다. 기록이 쌓이면 내공도 쌓입니다.

아이들이 어휘 내공을 쌓을 방법을 고민했더니, '기록'이 떠올랐습니다. 같은 글을 읽어도 아이마다 모르는 단어가 다릅니다. 낯선 단어의 뜻을 유추해보라고 했을 때 대답도 천차만별일 겁니다. 작은 노트를 마련해 아이가 어휘를 이해해나가는 과정을 차곡차곡 쌓을 수 있게 북돋워 주세요.

방법은 간단합니다. 교과서에서 모르는 단어를 발견하면 국어사전을 찾아 사전적인 의미를 쓰고, 단어를 활용한 문장을 만듭니다. 글과 그림으로 자기만의 설명을 곁들어도 좋습니다. 뜻을 알고 난 후에는 단어를 떠올렸을 때 생각나는 것들로 마인드맵 그리기를 해보세요. 누가 더 많이 떠올렸는지 놀이처럼 접근하는 것도 방법입니다. 이 과정을 통해 어휘는 물론 생각을 확장할 수 있습니다. 어휘 노트는 이왕이면 아이가 직접 고르게 하세요. 자기 마음에 드는 노트를 직접 고르게 하는 것만으로도 기록이 즐거워집니다. 기록하는 활동 자체가 즐거워야 꾸준히 지속할 수 있습니다.

Tip 어휘 노트 항목

- 단어
- 국어사전에서 찾은 의미
- 단어 활용해 문장 만들기
- 생각 가지치기 놀이

＊5부＊

문해력 호기심을 깨우는
세 가지 태도 3 :
표현하는 태도

글쓰기를 대하는
부모의 10가지 마음가짐

사람들의 관심사를 알고 싶을 때는 서점에 갑니다. 서가를 돌면서 분야별 신간과 베스트셀러를 살피다 보면 요즘 사람들이 무엇에 골몰하고 있는지 얼추 가늠할 수 있거든요. 최근 몇 년 동안 서점 나들이를 하면서 느낀 점은 글쓰기에 관심이 높다는 점입니다. 쓰고 싶은데 쓰는 일이 쉽지 않아서 고민인 사람들을 위해 글 좀 쓴다, 하는 작가들이 앞다퉈 자기만의 노하우를 책에 담아내고 있었습니다. 망설이지 말고 지금 당장 쓰기 시작하라고 유혹하는 책부터 이렇게만 하면 글을 잘 쓸 수 있다고 자신하는 책, 글을 쓰면서 삶이 바뀌었다고 고백하는 책까지. 글쓰기 갈증을 해소할 방법을 소개하고 있었습니다.

글쓰기라는 말만 들어도 움츠러드는 이유

문득 우리가 어른이 되기까지 글쓰기를 배운 적이 없었던가, 돌아봤습니다. 아니었어요. 초등학교 때부터 글의 형식과 쓰는 방법을 배우고 과제도 하면서 늘 쓰는 환경에 놓여있었습니다. 그런데 어른이 되어서도 뭘 써야 할지 모르겠다고, 글쓰기가 어렵다고 하소연합니다. 이유가 무엇일까요? 왜 쓰려고만 하면 움츠러드는 걸까요? 우리 아이들의 표현하는 태도를 키워주려면 이 질문에 대한 답을 찾는 게 먼저라고 생각했어요. 글쓰기를 왜 힘들고 어렵다고 여기는 걸까? 근본적인 이유를 알아야 쉽고 재미있게 접근할 방법을 찾을 수 있을 테니까요.

초등학교에 다닐 때, 개학이 다가오면 집에 있는 신문을 찾느라 분주했습니다. 선생님이 방학 숙제로 내준 일기를 몰아 써야 했거든요. 지난 며칠 동안 뭘 했는지 기억을 떠올려서 내용은 어떻게든 채울 수 있었지만, 복병은 날씨였습니다. 아무리 생각해도 매일 날씨가 어땠는지 기억이 나지 않는 거예요. 그러다 신문에서 날씨 정보를 발견하고는 환호성을 질렀습니다. 매일 쓰지 않은 걸 들킬까 봐 마음 졸이지 않아도 됐으니까요.

쓰는 일을 직업으로 삼은 저도 어릴 때는 이상하리만큼 일기 쓰는 걸 힘들어했습니다. 왜 매일 써야 하는지 이해하지 못했죠. 아무리 방학이라고는 하지만, 매일 특별하고 재미있는 일이 생기는 것도 아니고 누군가에게 검사받아야 한다는 사실도 불만이었습니다. 쓰고 싶지 않은 마음이 크다 보니 일기에 미주알고주알 속마음을 드러내고 싶지도 않았고요. 분량 채우기에 급급한 글쓰기였어요. 일기의 마지막은 늘 '재미있었다.'로 끝났죠. 정말이지 곤욕이었습니다.

글쓰기에 '진짜' 재미를 붙인 건, 학교 방송반 활동을 하면서예요. 방송하려면 직접 원고를 써야 했거든요. 신기하게도 싫지 않았습니다. 직접 쓴 원고로 마이크 앞에 서는 일이 재미있었어요. 방송하면 할수록 원고를 더 잘 쓰고 싶다는 욕심이 생겼습니다. 원고를 쓰다 보니, '그렇게 어려운 것만은 아니구나.', '내가 쓰고 싶은 걸 쓰니까 재미있구나.', 글쓰기에 대한 감정도 점점 나아졌어요. 나중에는 보여주고 싶었습니다. 내가 쓴 글을 누군가에게 인정받고 싶은 마음이 들더군요. 아버지가 제가 쓴 글을 읽고 했던 말을 지금도 잊지 못합니다. "우리 딸 최고!"라던. 잘 썼다, 못 썼다, 맞춤법에 맞게 써야 한다, 같은 평가하는 말 대신 그냥 무조건 최고라고 추켜세웠던 아버지의 말이, 지금까지 쓰는 사람으로 살게 했습니다.

글쓰기로 표현하는 태도 기르기

많은 이가 글쓰기를 주저하는 이유는 '해야 한다.'는 것이 너무 많기 때문입니다. 남들이 정한 틀에 맞추려다가 질리는 거예요. 다른 사람을 의식하면서 글을 써야 한다는 사실을 깨닫는 순간, 쓰기 싫어집니다. 평가당하는 느낌이랄까요. 그래서 무조건 잘 써야 한다고 생각합니다. 잘 쓰지 못할 것 같으면 애초에 쓰지 않는 게 낫다고 생각하기도 하죠. 여기에 맞춤법을 틀리면 안 된다는 부담감, 형식에 맞춰 써야 한다는 압박감이 더해져 글재주를 타고 나야 글을 쓸 수 있다는 결론에 도달합니다.

누구나 자기표현 욕구가 있습니다. 여러 도구를 활용해 표현합니다. 글도 자기표현 도구 중 하나입니다. 자기표현은 자발적이고 자연스럽습니다. 쓰고 싶은 마음이 들어야 해요. 누가 억지로 시킨다고 할 수 있는 게 아닙니다. 글쓰기를 주저하는 마음으로는 자기 생각과 욕구, 감정 등을 표현하기 어렵습니다.

처음부터 글을 잘 쓸 수는 없습니다. 매일 글을 쓰는 기자도, 작가도 한 번에 완벽한 글을 써내지 못합니다. 일단 쓰고 나서 고치고 또 고치면서 글의 구색을 갖춰 나갑니다. 하물며 이제 막 글쓰기의 세계에 들어온 아이들에게 처음부터 잘 쓴 글, 갖춘 글을 기대하는 건 너무 큰 욕심입니다. 우리 아이가 쓰는 어른으로 성장하길 바란다면, 먼저 글쓰기를 대하는 부모의 마음 가짐부터 살펴야 합니다.

'표현하는 태도'를 키워주는 키워드는 '대화'와 '존중'입니다. 표현하는 태도는 문해력을 완성하는 마지막 단계입니다. 읽고 이해한 것들을 소화한 후 자기 생각을 더해 글로 표현하는 능력은 하루아침에 생기지 않습니다. 꾸준한 대화를 통해 아이가 마음껏 표현할 수 있게 돕고, 아이가 표현한 생각과 감정 등을 있는 그대로 인정하고 존중할 때 표현하는 태도는 자랍니다.

1. 혼자보다 함께 쓰기

'함께'의 힘은 셉니다. 어떤 일을 시작할 때 혼자 하는 것보다 누군가와 함께했을 때 시너지가 큽니다. 꾸준히 지속하는 힘도 생기고요. 아이 혼자 덩그러니 앉아 쓰게 하는 것보다 부모 중 한 명이 함께 글을 쓰면 좋겠습니다. 아이와 부모가 '글쓰기 메이트'가 되는 거예요. 아이에게 글 쓰는 법을 가르치려고 하면 부모도 부담스럽습니다. 가르치지 않아도 괜찮습니다. 아니, 가르치려고 하지 마세요. 그냥 같이 쓰는 거예요. 아이가 일기를 쓸 때 옆에서 일기를 쓰세요.

아이를 키우다 보면 누군가에게 털어놓기 어려운 일이나 감정이 생기기 마련입니다. 마음에 쌓인 응어리를 제때 풀지 못하면 병이 되기도 해요. 그럴 때 아이 옆에 앉아 쓰는 겁니다. 속이 시원할 때까지 써보세요. 함께 쓰다 보면 글쓰기를 대하는 아이의 마음을 이해할 수 있어요. 똑같이 '쓰는 입장'에서 글쓰기에 대한 감정과 경험을 공유하는 거예요. 그러면 무작정 쓰라고 아이를 몰아붙이는 실수를 하지 않게 됩니다.

2. 첫 기억이 끝까지 간다

처음 글쓰기를 접할 때 좋은 기억을 남겨야 합니다. 아이들의 첫 글쓰기 경험은 '일기 쓰기'일 가능성이 커요. 학교에 입학해 처음 배우는 글쓰기가 일기거든요. 주로 숙제로 일기를 써야 하는데, 이때 너무 힘들게 썼던 기억에 사로잡히지 않게 해야 합니다. 글쓰기에 대한 감정이 부정적으로 자리 잡지 않도록요. 첫 기억이 좋지 않으면 다음을 기약하기 어렵습니다. 숙제를 해내는 것 못지않게 글쓰기에 대한 감정을 망치지 않는 것도 중요합니다. 일기를 쓰면서 부담 갖지 않도록 방법을 찾아야 해요. 아이마다 선호하는 방법이 다를 수 있습니다. 아이에게 맞는 방법으로 글쓰기와 친해질 수 있게 해주세요. 친해져야 쓰고 싶은 마음이 생깁니다.

3. 아이들은 모두 작가다

아이를 기르다 보면 생각지도 못한 순간, 그 어떤 것보다 아름답고 창의적인 언어를 만납니다. 누가 기르쳐준 것도 아닌데, 툭, 뱉어내는 아이의 말 한마디가 어떤 문학 작품보다 시적이고 감동적입니다. 세상에 단 하나뿐인 아이만의 표현을 놓치지 마세요. 이 또한 타이밍이 중요해요. 아이가 반짝이는 생각을 꺼내놓으면 반드시 수집해두세요. 지나가 버리면 끝입니다. 아무리 떠올리려고 해도 생각이 나지 않아서 아쉬울 때가 한두 번이 아니었습니다. 여기에서 한 발짝 더 나아가세요. 아이에게 질문하는 겁니다. "우와, 어떻게 그런 반짝반짝한 생각을 떠올린 거야?", "왜 그런 생각이 들었는지 말해줄래? 정말 궁금하다!" 이때 나온 아이의 대답이 글쓰기의 소재가 되고 내용이 됩니다. 아이만의 고유한 이야기를 글로 풀어낼 수 있는 열쇠가 됩니다.

4. 말하기로 표현 연습부터

초등 저학년의 경우, 쓰는 활동 자체를 부담스러워할 수 있습니다. 한글을 다 뗐어도 자기 생각을 글로 표현하기란 결코 쉬운 일이 아닙니다. 그럴 때는 말하기로 '우회'하는 것도 방법입니다. 글자를 틀릴까 봐, 글씨 쓰는 게 힘들어서 자기 생각을 꺼내지 않기도 하니까요. 글과 말은 표현하는 방식에 차이가 있을 뿐, 자기 생각과 욕구, 감정을 드러낸다는 점에서 크게 다르지 않습니다. 글쓰기를 어려워한다면 말로 표현하게 해주세요. 아이와 대화하면서 자기 이야기를 꺼내놓게 이끄는 겁니다. 아이의 생각을 궁금해하고 묻고 공감하면서 이야기 나눠보세요. 말로 표현하기에 익숙해지면 자연스럽게 글로 옮겨갈 수 있습니다.

5. 주제 결정권은 아이에게

모르는 것을 대할 때는 소극적으로 됩니다. 충분히 이해하고 알기까지 시간이 필요하죠. 스스로 '안다'는 확신이 들어야 자기 생각을 덧붙여 자신 있게 설명할 수 있습니다. 누군가가 관심도 없는, 알지도 못하는 분야나 주제에 대해 질문한다면 어떨까요? 우리는 꿀 먹은 벙어리가 됩니다. 아는 게 없는데 무슨 말을 할 수 있을까요. 한시라도 빨리 그 자리를 떠나고 싶어질 겁니다.

글쓰기도 마찬가지예요. 모르는 걸 쓰기는 어렵습니다. 글쓰기의 영감은 자신이 경험한 데서 오기 마련입니다. 자기 이야기를 글로 풀어내게 하려면 글쓰기 주제도 잘 정해야 합니다. 어떤 주제를 정하느냐에 따라 글의 수준과 깊이가 달라집니다. 아이들이 글쓰기를 부담스러워하는 이유 중 하나는 관심이 없거나 잘 모르는 주제로 써야 하기 때문입니다. 글을 쓰려면 할 말이 있어야 합니다. 자기 생각을 드러낼 수 있는 주제라야 해요. 부모가 글의 주제를 정해주기보다는 아이의 의견을 들어보는 게 좋습니다. 주제 결정권은 아이에게 주세요.

6. 짧게 시작하기

독서에 익숙하지 않은 아이들은 글밥 많은 책을 부담스러워합니다. 읽어야 할 글이 가득한 책을 보는 것만으로도 읽을 자신이 없어서 지레 포기합니다. 읽기도 전에 '양'에 압도되는 거예요. 그럴 때는 '만만해 보이는' 책으로 시작하는 게 좋습니다. '이 정도쯤이야 읽을 수 있지.'라는 생각이 들면 더는 책 읽기가 부담스럽지 않습니다.

혼자 읽을 자신이 없다던 아이에게 동시집을 건넸습니다. 문장도 짧고 시 한 편의 길이도 짧아서 그런지 적극적으로 읽기 시작하더군요. 동시 몇 편을 내리읽더니, 하는 말. "엄마, 이 정도는 나도 쓸 수 있겠다!" 그날 아이는 처음으로 시를 썼습니다. 그것도 1시간 가까이 떠오르는 생각을 작은 노트에 옮겨 적기 바빴습니다. 잠잘 시간이 늦어졌지만, 그만 자고 내일 쓰자는 말을 할 수가 없었습니다. 시 여러 편을 완성한 후 의기양양한 표정으로 함박웃음 짓더군요. 이날 아이에게 건넨 동시집은 읽기 자신감은 물론 쓰기 자신감까지 자극했습니다. 처음부터 온전한 문장으로 쓰지 않아도 괜찮습니다. 짧게 쓰다 보면 문장, 문장이 이어지고, 여러 문장이 쌓여 글 한 편이 완성됩니다. 짧은 글 한 줄을 무시하지 마세요.

7. 잠깐! 그 빨간펜을 내려놓으세요

독서할 때 펜을 활용하는 건 내용에 집중하는 데 도움이 됩니다. 하지만 아이들의 글을 읽을 때는 사정이 다릅니다. 특히 '빨간펜'은 내려놓으세요. 처음 글쓰기를 시작하는 아이들에게 중요한 것은 맞춤법이나 띄어쓰기가 아닙니다. 자유롭게, 즐겁게 자기 생각을 꺼내놓는 긍정적인 경험이 더 중요합니다.

우리 아이들이 살아갈 세상에서 글쓰기 능력은 아이의 능력을 극대화하는 날개와 같습니다. 그 날개가 자라기도 전에 꺾어서는 안 됩니다. 이제 막 시작하는 아이에게 완벽한 글을 요구하는 것만큼 어리석은 일도 없습니다. 써본 적이 없는데 어떻게 잘 쓸 수가 있을까요? 제대로 써본 적도 없는 아이의 글을 빨간펜으로 긋고 틀렸다고 지적하는 건 글을 쓰지 말라는 메시지를 주는 것과 다름없습니다. 지금은 잘 쓰고 못 쓰고를 판단할 단계가 아닙니다. 아이의 생각에 공감하고 한발 더 나아가 생각을 확장하도록 글을 매개로 대화를 나눠보세요.

8. 아이만의 표현을 존중하기

아이의 글을 대할 때는 아이의 눈으로 바라봐주세요. 눈높이를 맞추는 겁니다. 아이들의 반짝이는 아이디어는 지금이 아니면 다시 만나기 어렵습니다. 하나도 놓치지 않겠다는 마음으로 아이의 글을 소중하게 대해주세요. 아이들의 글은 그 자체로 가치가 있습니다. 그런 글을 어른의 눈높이로 바라보는 순간, 어설프고 모자란 부분만 눈에 띄게 마련입니다. 글에 손을 대는 순간 반짝임을 잃은, 죽은 글이 됩니다. 부족한 부분을 고치려고 하지 말고 재미있는 발상이나 색다른 표현에 집중해주세요. 세상에서 가장 재미있는 글을 보면서 흐뭇한 웃음을 감추지 못하게 될 겁니다. 칭찬도 아끼지 마세요. 아이의 생각을 귀하게 대접해주세요.

매일 쓰지 않아도 됩니다. 생각이 폭발할 때, 그때를 놓치지 마세요. 아이와 책을 읽거나 영화를 보거나 관심 있는 대상을 관찰하거나 특정 단어, 상황에 꽂히거나. 이럴 때 아이의 생각이 폭발할 가능성이 큽니다. 이때가 써야 할 타이밍입니다. 아이들이 일기를 쓰라고 하면 한숨부터 쉬는 건, 시간 순서대로 하루에 있었던 일을 떠올리기 때문입니다. 학교, 학원, 집을 오가는 일상은 매일 똑같은데, 하나도 특별하지 않은데, 도대체 뭘 쓰라는 건지 답답해하는 겁니다. 시간 순서대로 쓰면 재미없는 글이 되기도 하고요. 사건을 중심으로 글의 소재를 찾게 도와주세요. 주로 아이와 대화를 나누다 보면 글 쓸 타이밍이 찾아옵니다.

가령 '아빠와 식당에 가서 밥을 먹고 왔다.'라는 사실은 평소와 별다를 게 없는 일입니다. 그런데 아이가 칼국수가 맛있어서 더 먹고 싶었는데 먹지 못해서 속상했다고 말하는 거예요. 그 이유가 궁금해서 물어봤더니, 나눠 먹으려고 시킨 칼국수에 아빠가 매운 양념을 넣어서 더 먹지 못했다면서, 다음에는 더 많이 덜어놔야겠다고 다짐(?)하더군요. 아이에게는 아빠가 칼국수에 매운 양념을 넣은 게 사건인 겁니다. 쓰지 않을 수 없겠죠?

10. 어린이 작가를 저자로

누구나 작가가 될 수 있는 시대입니다. 인터넷 블로그, SNS 등 다양한 채널을 통해 자기 생각을 글로 표현하는 사람이 적지 않습니다. 글을 쓰는 사람 누구나 작가입니다. 하지만 저자는 다릅니다. 꾸준히 쓴 글을 엮어서 책으로 펴낸 사람만 얻을 수 있는 이름입니다. 아이가 쓴 단편적인 글들을 모아 책으로 엮어 선물해보세요. 쓸 때는 힘들어도 자기가 쓴 글이 책이 됐다는 사실에 아이의 어깨가 으쓱 올라갈 겁니다. 뭔가 대단한 일을 해냈다는 성취감을 느끼고, 계속 글을 쓸 수 있는 동기를 얻을 수 있습니다.

아이의 말을 수집합니다. 순식간에 지나가 버려서 놓치는 경우가 잦지만, 가능한 한 기록해 남겨두고 싶은 마음입니다. 아이와 대화를 나누다 말고, 급하게 종이와 펜을 찾은 적이 있습니다. 외출할 때는 늘 작은 노트와 펜을 챙기는데, 아이 물건을 챙기다가 빠뜨리고 온 겁니다. 아쉬운 대로 휴대전화에 아이의 말을 받아 적었습니다. 그랬더니 아이가 묻더군요.

"엄마, 왜 내 말을 적는 거야?"

"지나면 잊어버릴 수 있잖아. 이렇게 생생한 표현을 어떻게 떠올린 거야? 네 표현이 너무 소중해서 기록하지 않을 수가 없었어."

  아이스크림을 나눠 먹을 때였습니다. 아이는 민트초코 아이
스크림을, 저는 망고 아이스크림을 골랐습니다. 가게에서 맛보
라고 준 초코 아이스크림까지 모두 세 가지 맛 아이스크림을
받아 들었습니다. 제가 먹던 망고 아이스크림을 맛보고 싶었던
지, 아이가 한 가지를 제안하더군요. 아이스크림을 조금 나눠주
면, 그 맛을 설명해보겠다는 거였습니다. 흔쾌히 그러라고 했
죠. 어떻게 표현할까 궁금했습니다.

  초코와 망고 아이스크림을 섞어 먹더니, "음, 처음에는 뜨거
운 초코가 오는데, 마지막에는 차가운 망고가 안아주는 맛이
야." 민트초코 아이스크림을 입에 넣고는 "이번에는 민트초코
가 반겨주는데 나중에는 쓴맛이 나." 마지막으로 초코 아이스
크림을 맛보고선 "초코가 은은하니 달콤해."

  아이스크림을 먹고 집으로 돌아오는 길. 아이에게 말해줬습
니다. 아이스크림을 자주 먹지만, 오늘 우리가 먹은 아이스크림
은 특별하다고, 오래오래 기억하고 싶은 아이스크림이었다고
요. 그래서 휴대전화에 기록했다고 설명해줬습니다. 일기를 왜
써야 하는지도 함께요. 매일 일상이 반복된다고 생각하기 쉽지
만, 사실 똑같은 날은 단 하루도 없다고요. 엄마가 대신 기록하
는 것도 좋지만, 떠오르는 생각을 직접 일기장에 적어두면 훗

날 꺼내 보면서 기억할 수 있다고 말이죠.

일기, 부담 없이 쓰게 해주세요

일기는 큰 부담 없이 시작할 수 있습니다. 한 문장이라도 꾸준히 쓰는 습관을 만드는 데 이만한 건 없거든요. 글감을 찾아 헤매지 않아도 됩니다. 일상 그 자체가 글감이 되니까요. 글쓰기와 친해질 가장 쉬운 방법입니다.

심리적인 장벽이 낮은 것도 장점입니다. 글쓰기라고 하면, 뭔가 보이지 않는 벽이 느껴지곤 하는데, 일기는 내용이나 형식에 크게 신경 쓰지 않고 쓸 수 있습니다. 일기라는 글의 특징이 그렇습니다. 누군가에게 보여주기 위해 쓰는 글이 아니라서 잘 쓰면 쓰는 대로 혼자 흐뭇하고, 못 쓰면 못 쓰는 대로 덮어버리면 그만입니다. 다른 사람에게 말하기 어려운 고민과 감정 따위를 눈치 보지 않고 털어낼 수 있는 '나만의 대나무숲'인 셈이죠. 이것이 전부는 아닙니다. 자기 마음을 털어놓는 과정을 통해 자신의 문제를 있는 그대로 인식할 수 있습니다. 객관적으로 자신의 문제를 바라볼 눈이 생기는 겁니다.

안타까운 건, 아이들이 일기 쓰기의 묘미를 알기도 전에 하기 싫은 숙제로만 인식한다는 점입니다. 하기 싫지만, 해야 하는 숙제 말이죠. 하지만 학교 교육과정에서, 교사들이 일기 쓰기를 강조하는 데는 다 이유가 있습니다. 생각하는 힘을 키워줄 가장 효과적인 방법이기 때문입니다. 자기 생각과 감정을 표현하면서 글쓰기 능력은 물론 창의력과 문제해결능력도 자연스럽게 기를 수 있습니다.

걸림돌은 일기 쓰는 과정에서 경험하는 부정적인 감정입니다. 글씨, 맞춤법, 띄어쓰기, 글의 형식 등 겉으로 보이는 것들에 집중하다가 진짜 중요한 것을 놓치는 겁니다.

"맞춤법 틀렸잖아, 다시 써!"

"길이가 너무 짧으니까 조금 더 써봐."

"왜 만날 '재미있다.'밖에 쓸 줄 모르니. 다른 거 없어?"

일기 쓰기는 자기 생각과 감정, 소중한 기억을 기록하는 일이 얼마나 즐겁고 의미 있는지를 알려주는 데서 시작해야 합니다. 쓰는 행위는 사고하는 과정, 그 자체입니다. 생각하고 정리할 시간이 필요합니다. 물론, 글을 제대로 마무리하는 것도 중요해요. 하지만 우선순위를 매긴다면, 글의 완성도를 높이는 건 후순위입니다.

어렵고 막막한 글감 찾기

"뭘 써야 할지 모르겠어요."

일기를 쓰려고 책상에 앉은 아이가 한숨을 쉬면서 말합니다. 글감 찾기부터 막힌 겁니다. 글감 찾기에 발목을 잡힌 아이들은 첫 문장을 쓰기도 전에 거부감을 가집니다. 해보지도 않고 일기 쓰기는 어렵다고 단정 짓기도 합니다. 글쓰기에서 글감 찾기는 가장 중요하고도 어렵습니다. 글을 쓰고 싶어도 어떤 내용을 써야 할지 정하지 못하면 시작조차 할 수 없거든요.

그럴 때는 일기장을 덮고 아이와 이야기를 나눕니다. 그날 있었던 일을 사건 중심으로 떠올리면서 묻고 답합니다. 이때 중요한 건, 아이의 이야기에 귀를 기울이는 거예요. 단순히 글감을 찾기 위해서라기보다는 아이의 생각과 감정을 궁금해합니다. 함께 생각하는 연습을 하는 거예요.

대화의 물꼬를 트는 방법은 생각보다 간단합니다. 평소 우리가 어떻게 대화하는지를 떠올려보세요. 대화는 소통의 과정입니다. 서로 이야기를 주고받는 거예요. 상대방의 이야기에 귀를 기울이고 공감하고 또 나의 이야기를 전하면서 '라포(의사소통에서 상대방과 형성되는 친밀감)'를 형성합니다. 라포가 형성되지 않은 상태에서 다짜고짜 질문하는 사람에게 자기 이야기를 털어놓을 사람은 없습니다.

아이와 대화할 때는 먼저 부모의 이야기를 들려주는 게 좋습니다. 아이가 공감할 수 있는 어렸을 적 이야기를 꺼내 들려주고, 그때 느꼈던 마음도 솔직하게 털어놓는 거예요. 아이의 생각을 묻기 전에 "엄마(아빠)도 너와 같은 경험을 한 적이 있어. 그래서 지금 너의 마음을 이해해.", "얼마든지 너의 생각과 감정을 말해도 괜찮아."라는 메시지를 전하는 겁니다. 그러고 나서 묻습니다. "너는 어때?" 아이와 눈높이를 맞추고 나면 대화는 한결 수월해집니다.

어른이지만, 부모지만, 부족한 면이 있다는 걸 아이에게 솔직하게 말하는 편이에요. 실수도 바로 인정합니다. 모르는 건 함께 찾아보자고 제안하고요. 피곤하거나 스트레스를 받은 날에도 아이가 이해할 수 있는 수준에서 어떤 일이 있었는지, 왜 힘들었는지를 이야기합니다. 그러면 아이도 속마음을 말하기 시작합니다. '엄마, 사실 나도 오늘 학교에서….'라면서요. 이렇게 꺼내놓은 이야기는 모두 글감이 됩니다.

내용도, 형식도 자유롭게

보통 그림일기로 글쓰기를 시작합니다. 글로만 표현하는 게 어려우니, 그림을 곁들여서 쓰게 합니다. 글쓰기에 대한 부담을 줄여주려는 거예요. 하지만 아이마다 받아들이는 게 다릅니다. 평소 그림 그리기에 자신 있는 아이라면 그림일기가 적합하지만, 그렇지 않은 아이는 또 다른 스트레스가 생길 수 있습니다.

미술 활동을 좋아하는 아이라서 망설임 없이 그림일기를 권했습니다. 어떤 글감으로 일기를 쓸지 이야기 나누고, 어떤 내용을 담을지도 비교적 수월하게 정했어요. 주제와 내용 구성까지 머릿속에 그렸으니, 일사천리로 끝낼 수 있을 줄 알았죠. 오산이었습니다. 어떤 그림을 그려야 할지 모르겠다고, 울상을 짓더군요. 이대로라면 한 글자도 쓰지 못하겠다 싶었어요. 사진이 떠올랐습니다. 다행히 글감으로 정한 것을 사진으로 찍어둔 게 있어서 그걸 보면서 그림을 그리게 했습니다. 그림을 그리느라 진이 빠져서 글은 겨우 마무리했고요.

일기만큼은 자유롭게 써야 합니다. 내용이나 형식을 의식하지 않고 쓸 수 있어야 합니다. 관심 있는 주제나 분야에 대한 주제 일기, 책을 읽고 쓰는 독서 일기, 여행을 다녀와서 쓰는 여행 일기, 사진으로 기록하는 사진 일기, 식물이나 곤충을 기르면서 쓰는 관찰 일기 등 다양합니다. 아이의 관심과 흥미에 따라 선택하기 나름입니다.

몇 번의 시행착오 끝에 아이가 즐겁게 글 쓸 방법을 찾았습니다. 바로 '시 일기'입니다. 글밥 많은 글을 혼자 읽기 어려워하기에 동시집을 권했습니다. 짧은 문장에, 감각적인 표현이 많아서 그런지 무척 재미있게 읽더군요. 그러던 어느 날, 동시집을 읽다 말고 시를 쓰고 싶다는 거예요. 이 정도는 자기도 얼마든지 쓸 수 있겠다면서요. 갑자기 떠오르는 생각이 있다며 노트와 연필을 가져왔습니다.

〈진주〉
테이프로 만든 공
진주처럼 예쁘다.
도둑이 가져가겠네.

〈내리막길〉
내리막길은 재미있다.
롯데월드에서
놀이기구를 타는 느낌이다.

〈밴드〉
밴드를 붙였다 떼면
손가락이 쭈글쭈글.

할머니 손 같다.

대단한 글은 아닙니다. 하지만 일상에서 경험하고 관찰하고 느낀 점을 자기만의 언어로 표현했다는 데 의미가 있습니다. '글쓰기가 생각보다 어렵지 않구나.' 자신감을 가진 것도, 일기 쓰기 자체에 부담을 던 것도 수확이고요.

도움 청할 때까지 기다리기

일기 쓰기의 중요성을 알고 나니, 아이에게 그 방법을 알려주고 싶은 마음이 생기는 건 당연합니다. 하지만 행동부터 앞서지 않기를 바라요. 일기 쓰기를 도와줄 때 하나하나 가르치려고 하지 않았으면 합니다. 앞서 이야기한 것처럼 자기 생각을 마음껏 펼칠 수 있게 이끄는 것이 더 중요합니다.

글을 쓰겠다는 의지를 보이면 먼저 개입하지 마세요. 대신 아이에게 모르는 글자가 있거나 도움이 필요하면 언제든지 말하라고 미리 이야기하세요. 글자 하나하나 쓸 때마다 맞는지, 틀리는지를 지적하다 보면, 머지않아 "안 쓸래!" 소리치는 아이를 보게 될 테니까요.

일기 쓰기를 도와주고 있는데, 아이가 말하더군요. "엄마, 선생님이 일기 쓸 때는 '나는', '오늘'은 안 쓰는 게 좋다고 말씀하셨어."라고요. 그러고 나서 한참 쓰더니, "마지막에는 내 느낌이나 기분을 쓰는 거래. 나는 이때 이런 기분이었어."라고 설명했습니다.

부모가 모든 걸 다 가르쳐야 한다는 부담은 버렸으면 합니다. 글의 종류와 형식, 맞춤법 같은 것들은 학교에서 배웁니다. 교육과정에 반영돼 있습니다. 집에서 부모가 할 수 있는 건 글쓰기에 대한 좋은 감정, 긍정적인 경험을 주는 것입니다. 잘 쓰지는 못해도 자기 생각을 솔직하게 글로 표현할 수 있는 자신감만 불어넣으면 됩니다. 글은 쓸수록 다듬어집니다. 쓸수록 자기만의 노하우가 생기고, 쓸수록 잘 쓰게 됩니다. 부모의 역할은 주저하지 않고 쓰게 돕는 것, 대화를 통해 글쓰기의 물꼬를 틔워주는 것만으로도 충분합니다.

신문으로
글쓰기 감 키우기

글은 크게 문학과 비문학으로 나뉩니다. 인간의 사상이나 감정을 언어로 표현한 예술을 문학이라고 부르는데요. 시, 소설, 희곡, 수필 등이 대표적입니다. 그 외의 글은 대부분 비문학으로 분류됩니다. 비문학의 특징은 '객관적이고 사실적이며 논리적인 글'입니다. 독후감, 보고서, 자기소개서 등이 비문학에 속합니다.

아침마다 잊지 않는 루틴이 있습니다. 회사에 출근하면 주요 일간지의 기사부터 읽습니다. 포털 사이트에서 제공하는 신문사별 주요 뉴스를 살펴보면서 몸과 마음을 업무 모드로 바꿀 준비를 합니다. 일을 시작하기 전에 신문 기사를 읽는 건 간밤에 일어난 사건이나 사회적인 이슈를 놓치지 않기 위해서이기도 하지만, '쓰는 감'을 깨우기 위함이 더 큽니다. 기사를 쓰기 위한 일종의 '워밍업'인 셈인데요. 특히 잘 쓴 기사, 좋은 표현, 인상적인 첫 문장 등 '글'을 중심으로 기사를 읽습니다.

　비문학 글을 접하기에 신문만큼 좋은 매체는 없습니다. 기사의 종류에는 객관적인 사실을 전달하는 '스트레이트 기사', 스트레이트 기사에서 소개하지 못한 뉴스의 이면을 다루는 '피처 기사', 글 쓴 사람의 의견과 주장이 드러나는 '칼럼' 등이 있습니다. 기사 종류에 따라 글의 형식이나 특징이 달라서 글쓰기 교재로 활용하기에 적합합니다.

좋은 글의 조건을 갖춘 글

신문 기사는 기본에 충실한 정제된 글입니다. 좋은 글의 조건을 충족하기 위해 확인, 수정하는 과정을 여러 번 거칩니다. 기자가 취재해서 기사를 송고하면 데스크(신문사에서 기사의 취재와 편집을 지휘하는 사람)와 부서장을 거치면서 사실fact을 검증하고 내용을 보완합니다. 완성된 기사는 교열부로 넘어가 어법에 맞는지 점검받습니다. 이후 편집부에서 제목을 붙이고 나서야 우리가 신문에서 보는 기사의 꼴을 갖추게 됩니다. 쉽고 간결하고 잘 읽히는 기사. 신문사에서 지향하는 좋은 기사의 조건입니다. 기자들은 읽고 쓰고 고치고, 다시 쓰는 과정을 무수히 반복합니다. 독자들에게 '읽히는' 좋은 기사를 쓰기 위해서요.

스트레이트 기사에서는 사실과 정보를 정확하게 전달하는 글쓰기를 배울 수 있습니다. 피처 기사에서는 이야기를 구성하는 법을 배울 수 있어요. 피처 기사는 사건이 일어난 현장의 모습과 특정 인물의 이야기를 한 편의 스토리로 구성합니다. 스트레이트 기사와 달리 기자의 취재력과 문장력, 정서 등이 반영돼 글쓴이만의 문체가 잘 드러납니다. 인터뷰 기사, 스케치 기사 등이 대표적이죠. 칼럼의 경우, 특정 분야의 전문가, 저명인사, 유명 작가 등 글쓰기 실력이 검증된 외부 필진이 글을 씁니다. 이들의 글을 읽는 것만으로도 글을 어떻게 써야 하는지 감을 잡는 데 도움이 됩니다.

신문은 살아있는 교과서

중앙 일간지는 여러 분야의 뉴스를 다룹니다. 정치, 경제, 사회, 문화, 스포츠 등 거의 모든 분야의 새로운 정보가 신문에 실리기 때문에 '종합지'라고도 불립니다. 교육 전문가들은 신문의 정보를 교육적으로 활용하면 학습 효과를 기대할 수 있다고 입을 모으는데요. 이를 '신문 활용 교육Newspaper In Education·NIE'이라고 부릅니다. 신문을 교육에 활용하면 교과서에서 벗어나 실용적인 학습이 가능합니다. 신문을 구성하는 글과 사진, 그림, 도표, 광고 등을 학습자료로 활용할 수 있고, 그 과정에서 사고력과 창의력, 내용 구성력 등을 키울 수 있습니다. 신문을 '살아 있는 교과서'라고 부르는 이유입니다.

신문에서 접한 내용은 글쓰기의 소재가 되기도 합니다. 기사를 읽으면서 자신의 관심 분야가 무엇인지 확인할 수 있습니다. 꾸준히 읽다 보면 해당 분야의 자료를 축적할 수 있지요. 이 자료들은 글의 내용을 풍성하게 만듭니다. 또 자기 생각이나 의견을 내세울 때 논리적으로 뒷받침할 근거로 삼을 수 있습니다.

신문 읽는 법

읽는 방법도 중요합니다. 우선, 신문 기사를 빠짐없이 읽어야 한다는 생각은 내려놓으세요. 한 번에 너무 많은 걸 알려주려고 욕심부리지 않아야 합니다. 그날그날 신문에서 관심 가는 기사를 하나 골라 아이와 함께 찬찬히 분석하면서 읽는 것만으로도 충분합니다. 기사 읽기가 어렵다면, 큰 제목과 사진만 살펴봐도 괜찮아요. 제목과 사진을 보면서 기사의 내용을 유추해 보는 활동을 해보는 겁니다. 종합지 읽기가 부담스럽다면 어린 이 신문을 추천합니다.

☑ 기사는 기본적으로 '누가, 언제, 어디서, 무엇을, 어떻게, 왜', 육하 원칙에 맞춰 사실을 전달해요. 기사가 전하고자 하는 사실과 정보 가 무엇인지 육하원칙에 대입하면서 읽으면 내용을 이해하기 쉽습 니다.

☑ 기사를 읽으면서 정리한 내용을 바탕으로 결론을 추론해봅니다. 정리한 내용은 자기 생각을 뒷받침하는 근거가 됩니다.

☑ '왜 이 기사를 썼을까?' 기사를 쓴 사람의 생각과 의도를 찾으면서 읽어보세요. 글을 쓰는 데는 다 이유가 있습니다. 목적 없는 글은 없습니다.

☑ 기사는 사건을 다루는 내용이 많습니다. 어떤 사건이든 원인과 결 과가 있기 마련이죠. 인과관계를 찾으면서 읽어보세요. 내용을 이 해하는 데 도움이 됩니다.

☑ 같은 사건을 다룬 기사인데도 기자마다, 신문사마다 글의 방향이 다를 수 있습니다. 사건을 바라보는 시각이 서로 다르기 때문인데요. 이럴 때는 한 가지 신문만 읽기보다는 두세 가지 신문을 비교하면서 읽는 게 좋습니다.

☑ 모르는 단어는 찾아보세요. 새로운 정보를 다루는 기사에는 낯설고 처음 보는 단어가 있게 마련입니다. 국어사전을 찾아서 그 뜻을 정확하게 이해하고 넘어가야 합니다.

신문 활용 글쓰기,
어떻게 시작할까?

어린이 신문을 만든 적이 있습니다. 기사 아이템을 발제할 때도, 취재할 때도, 기사를 쓸 때도, 아이들의 눈높이에서 생각했습니다. 고작 기사 한 꼭지에 불과했지만, 단어 하나, 문장 하나, 아이들에게 미칠 영향까지 고려했어요. 혹시라도 오탈자가 있을까, 이해하기 어려운 문장은 없을까, 신문을 찍어내는 윤전기가 돌아가기 직전까지 확인하고 또 확인했습니다. 어른을 대상으로 한 기사를 쓸 때보다 몇 배 더 공을 들였던 것 같아요. 아니, 그래야 할 것 같았습니다. 제가 쓴 기사, 우리가 만든 신문이 아이들에게 미칠 영향을 생각하니 책임감으로 어깨가 무거웠거든요. '기사를 잘 읽었다.'는 어린이 독자들의 피드백을 받고 나서야 가슴을 쓸어내리곤 했습니다.

신문사에서는 우리나라를 이끌어 갈 미래의 오피니언 리더를 위해 어린이 신문을 만듭니다. 공을 들여 만들 수밖에 없습니다. 기자들이 어린이의 눈높이에 맞춰 쓰는 기사를 비롯해 전문가들이 만든 교육 콘텐츠, 어린이책을 만드는 출판사에서 기획한 읽을거리 등을 신문에 담아냅니다. 신문사마다 색깔이 다르고 지향하는 바도 조금씩 차이가 있지만, 어린이 신문만큼은 예외입니다. 아이들의 미래와 교육에 방점을 찍습니다.

왜 어린이 신문 이야기를 할까? 궁금할 거예요. 우리 아이의 글쓰기 실력을 키워주고 싶지만, 글쓰기에 자신이 없어서 시도도 못 하는 부모의 마음을 생각했습니다. 어디서부터 어떻게 글쓰기 지도를 시작해야 할지 막막한 부모도 해볼 수 있는 수월한 방법을 고민했더니, 어린이 신문이 답이었어요.

글쓰기 교재로 신문만 한 것은 없습니다. 좋은 글의 조건을 갖추고 있을 뿐 아니라, 비문학 글을 다양하게 접할 수 있기 때문이죠. 책을 읽을 때처럼 아이와 함께 신문을 읽고 대화하고 질문을 주고받다 보면, 자연스럽게 표현하는 태도를 키울 수 있습니다.

아이에게 맞는 신문 고르기

우선, 아이에게 맞는 신문부터 골라야 합니다. 여러 곳에서 어린이를 대상으로 한 신문을 만들지만, 가능하면 글을 다루는 전문가들의 집단에서 발행한 신문을 고르는 게 좋습니다. 믿을 수 있는 곳에서 만든 양질의 신문, 좋은 글을 접해야 글쓰기 감을 키우는 데 도움이 됩니다.

대표적인 어린이 신문은 〈어린이조선일보〉와 〈어린이동아〉가 있습니다. 조선일보사에서 발행하는 〈어린이조선일보〉와 동아일보사가 발행하는 〈어린이동아〉는 여러 분야의 뉴스를 소개하는 어린이 종합지입니다. 주 5일 발행되는 일간지로, 8면으로 구성돼 있습니다.

〈어린이조선일보〉는 뉴스뿐 아니라 다양한 기획과 콘텐츠를 선보입니다. 분야별 학습 지식을 쌓을 수 있는 코너와 NIE 등 내용이 다채롭습니다. 아이들이 좋아하는 만화와 퍼즐 같은 재미 요소도 갖추고 있어요. '어린이 명예기자' 제도도 운영합니다. 어린이가 직접 기자가 돼 기사를 쓰면 지면에 반영됩니다. 글쓰기에 자신감이 붙고 나면 도전해봐도 좋아요. 초등학생을 대상으로 만드는 신문이지만, 주제나 내용, 분량을 고려했을 때 초등 고학년에게 추천하고 싶습니다.

〈어린이동아〉도 구성면에서는 비슷합니다. 시사 뉴스와 분야별 뉴스, 오피니언 면을 운영해요. 책과 신문 논술, 외국어 교실 등 학습에 도움이 되는 콘텐츠와 함께 만화, 퀴즈 등 코너도 마련돼 있습니다. 비교적 내용이 쉽고 분량도 적당해서 초등 저학년에게 추천합니다.

스크랩북 만들기로 부담 덜기

신문을 활용하려면 신문이라는 매체에 익숙해져야 합니다. 도서관에 가면 정기 간행물을 살펴볼 수 있습니다. 여러 신문을 아이가 직접 보고 고를 수 있게 해주세요. 신문은 책보다 분량이 적고, 눈길을 사로잡는 시각 콘텐츠도 다양해서 아이들의 관심을 끌기에 부족함이 없습니다. '과연 아이가 좋아할까?' 고민하지 마세요. 아이에 따라서 책보다 신문을 더 좋아할 수도 있습니다. 주변에서 일어나는 세상일들에 눈길을 주지 않을 수 없으니까요.

신문을 읽을 때는 전부 다 읽지 않아도 괜찮습니다. 아이마다 관심 분야나 주제가 다른 만큼 골라서 읽으면 됩니다. 대신 대화를 나눠보세요. 아이의 생각과 느낌을 묻고, 부모의 생각을 들려주세요. 책을 읽을 때처럼요.

스크랩북 만들기는 신문을 다 읽어야 한다는 부담을 덜기에 효과적입니다. 신문을 오려 붙일 수 있는 큰 노트를 한 권 마련해서 관심 있는 기사나 콘텐츠를 꾸준히 모으는 방법입니다. 처음에는 날짜와 고른 이유 정도만 간단하게 기록하세요. 아마 기사보다 만화나 퀴즈 등 아이들이 선호하는 콘텐츠에 먼저 눈길을 줄 거예요. 하지만 걱정하지 마세요. 그 또한 교육 전문가들과 어린이책을 만드는 출판사에서 심혈을 기울여 만든 교육용 콘텐츠이니까요. 신문은 다양한 분야의 주제를 다루는 만큼 자기만의 기준으로 기사와 콘텐츠를 고르고 스크랩북을 만들다 보면 아이의 흥미와 관심사도 쉽게 발견할 수 있습니다.

또 한 가지. 스크랩북 만들기는 '성장 기록'입니다. 아이들은 자라면서 변화를 거듭합니다. 관심사가 바뀌기도 하고, 생각도 자랍니다. 평소에는 그 변화를 눈치채기가 쉽지 않은데요. 신문을 스크랩하다 보면, 아이의 성장 과정을 기록할 수 있습니다.

스크랩북 만들기를 할 때는 신문을 구독하는 게 효과적입니다. 매일 콘텐츠의 구성이 달라지기 때문에 선택의 폭을 넓힐 수 있거든요. 사회 이슈를 바로바로 접하고 생각할 기회를 가질 수 있다는 점도 좋습니다. 시사 공부를 따로 할 필요가 없어요. 신문 구독이 부담스럽다면, 어린이 신문 홈페이지를 이용해보세요. 단, 반드시 종이로 출력해 활용하세요.

스크랩북 만들기에서 한 걸음 더 나아가 '신문 일기'를 쓰는 것도 추천합니다. 일기를 쓸 때 가장 큰 고민은 '소재 찾기'잖아요. 글감이 떠오르지 않을 때 스크랩한 기사를 활용해 일기를 쓰는 겁니다. 왜 해당 기사에 관심이 갔는지, 기사의 내용은 무엇인지, 기사를 읽으면서 어떤 생각을 했는지 등을 기록하는 거죠. 글쓰기보다 그림 그리기가 편한 아이는 기사를 읽고 느낀 점을 그림으로 표현하면 됩니다.

어린이 신문 활용한
글쓰기 연습

신문 읽기만으로도 우리가 기대할 수 있는 교육 효과는 차고 넘칩니다. 글을 읽고 이해하는 힘과 생각하는 힘을 키울 수 있고, 그 과정에서 배경지식과 어휘가 풍부해집니다. 우리 주변에서 일어나는 일들에 관심도 커집니다. 공부에 도움이 되는 건 물론이고요. 신문 활용 교육의 효과를 극대화하는 결정적인 '한 방'이 있다면, 바로 '글쓰기'입니다.

초등학교 때부터 신문 활용 글쓰기를 시작하면 본격적으로 공부해야 하는 중학교, 고등학교 때 여유를 가질 수 있습니다. 부랴부랴 논술학원에 다니면서 속성으로 읽고 쓰는 기술을 배우지 않아도 됩니다. 아이가 큰 스트레스 없이 공부에 집중할 수 있습니다.

수행평가는 글로 서술하는 방식이 대부분입니다. 대학 입시에 활용되는 논술 시험도 마찬가지고요. 주어진 지문을 얼마나 잘 이해하고 출제 의도에 맞게 논리적으로 자기주장을 펼치느냐가 관건입니다. 신문 지면은 한정적이라서 기자들은 정해진 분량에 맞춰 기사를 쓰고, 간결하고 명료하게 메시지를 전합니다. 책에 비해 글의 길이가 짧고, 글쓴이의 의도와 글의 목적도 분명합니다. 글쓰기 연습을 위한 지문으로 활용하기에 적합한 이유입니다.

1단계 : 누구나 시작할 수 있는 글쓰기

① 모르는 단어 찾기

관심 있는 기사를 골라 천천히 읽으면서 모르는 단어를 표시해보세요. 신문 기사에 나오는 단어는 우리가 일상에서 쓰지 않는 어휘가 많습니다. 특정 분야에서만 사용하는 용어나 신조어 등 다양한 어휘가 등장합니다. 앞뒤 문장의 맥락으로 뜻을 유추하기 어려울 수도 있습니다. 모르는 단어를 발견했다면 국어사전을 활용에 반드시 짚고 넘어가세요. 단어의 뜻을 알고 다시 기사를 읽으면 한결 내용을 이해하기가 수월합니다.

② 중심 단어 · 문장 찾기

기사를 읽으면서 중요하다고 생각한 단어나 문장을 찾아보세요. 글의 핵심을 파악하는 데 도움이 됩니다. 기사의 기본인 스트레이트 기사의 경우, 첫 문장이 중심 문장일 가능성이 큽니다. 가장 중요한 내용을 앞에 배치하거든요. 이런 글의 구성을 '역피라미드 구조'라고 부릅니다. 중심 단어도 첫 문장이나 첫 문단에서 찾아보세요. 중심 단어와 중심 문장은 기사의 내용을 요약할 때 요긴하게 쓰입니다.

③ 자유롭게 표현하기

기사를 읽고 나서 자기 생각을 짧게 기록해보세요. 가장 기억에 남는 내용과 이유, 느낌을 간단히 써보는 겁니다. 세 문장이면 충분합니다. 아이가 무엇을 써야 할지 모르겠다고 한다면, 아래처럼 질문해보세요. '기사에서 어떤 내용이 특히 재미있었어?', '왜 그 부분이 재미있었어?', '기사를 읽고 나니 어떤 느낌이야?' 질문하는 중간중간 부모의 생각과 의견을 들려주면 아이도 쉽게 자기 생각을 꺼내놓을 거예요. 글쓰기에 익숙하지 않은 초등 저학년은 먼저 말로 표현하게 해주세요. 그리고 나서 정리된 생각을 글로 옮겨쓰는 겁니다.

④ 내용 요약하고 생각 더하기

기사의 내용을 요약해보세요. 글을 요약하는 건 내공이 필요한 활동입니다. 글의 내용을 정확히 파악하고 있어야 핵심만 남겨 짧고 간결한 문장으로 정리할 수 있기 때문이죠. 연습이 필요합니다. 문단별로 중심 단어와 문장을 찾고, 각각의 문장을 연결하면 됩니다. 내용을 요약할 때는 한 가지만 기억해주세요. '이 글의 목적은 무엇인가?', '어떤 내용을 전하고 싶은 걸까?' 이 질문에 대한 답을 찾는 과정이 요약하기입니다. 여기에 자기 생각을 덧붙이는 겁니다. 그렇게 생각한 근거를 뒷받침해서요.

*초등 저학년은 ①~③번만 해도 충분합니다.

2단계 : 창의력이 자라는 글쓰기

초등 저학년은 논리적인 글보다는 창의력을 발휘할 수 있는 글을 먼저 쓸 수 있게 지도해주세요. 떠오르는 생각을 자유롭게 표현하고, 질문하는 방법을 익히는 데 초점을 맞추는 거예요. 생각에는 정답이 없습니다. 아이가 글쓰기에 익숙해지기까지 부모와의 대화가 가장 중요합니다. 질문만 제대로 던져도 아이의 생각을 깨울 수 있습니다.

① 사진 · 그림 보고 상상하기

신문은 다양한 사진과 그림으로 구성돼 있습니다. 아이의 호기심을 자극하는 사진·그림을 골라 떠오르는 대로 이야기를 꾸며보는 방법입니다. '내가 사진 속 주인공이라면?' '어떤 상황을 포착한 사진일까?' '다음에는 어떤 이야기가 이어질까?' 같은 주제를 정해 아이와 부모가 함께 상상하면서 글을 써보세요.

② 상황 · 인물 묘사하기

사진을 활용해 보이는 대로 묘사해보는 활동입니다. 좋은 글은 읽으면서 머릿속으로 한 편의 그림이 그려지는 글입니다. '예쁘다.', '멋지다.', '크다.', '작다.' 같이 직접적으로 설명하는 것보다는 묘사하려는 대상이나 상황을 그림 그리듯 표현해보는 거예요. 스케치 기사 쓰는 법에서 자세히 설명하겠습니다.

③ 나는 기자다!

기자가 돼서 질문하는 활동입니다. 기사를 읽으면서 '육하원칙'에 따라 질문을 해보는 거예요. 육하원칙을 활용해 글을 쓰면 구성이 탄탄해집니다. 기사를 쓸 때 특히 육하원칙을 강조하는데요. 독자가 궁금해할 내용을 빠짐없이 취재해 담아야 하기 때문입니다. 누가, 언제, 어디서, 무엇을, 어떻게, 왜 등 여섯 가지 질문을 써놓고, 그에 맞는 내용을 찾아보세요.

☑ 누가?

☑ 언제?

☑ 어디서?

☑ 무엇을?

☑ 어떻게?

☑ 왜?

3단계 : 논리력이 자라는 글쓰기

초등 고학년이면 직접 기사를 써보는 걸 추천합니다. 어린이 명예기자를 대상으로 기사 쓰는 법을 강의한 적이 있는데요. 그때 소개한 방법을 알려드리겠습니다.

① 스트레이트 기사 쓰기

스트레이트 기사는 객관적인 사실을 바탕으로 한 가장 기본적인 기사의 형태입니다. 육하원칙에 맞춰 쓰는 게 특징이죠. 일반적으로 스트레이트 기사는 '역피라미드 구조'로 이뤄져 있습니다. 위가 뾰족하고 아래로 갈수록 너비가 넓어지는 피라미드를 거꾸로 뒤집어 놓았다는 의미인데요. 가장 중요한 내용을 기사의 첫 문장(리드)에 배치하는 형태입니다.

스트레이트 기사를 쓸 때는 세 가지 원칙을 강조합니다. '3C 원칙'이 그것인데요. '정확성Correct', '명확성Clear', '간결성Concise'를 가리킵니다.

스트레이트 기사는 정확해야 합니다. 사실fact에 근거해 구체적이고 정확한 용어와 단어를 사용해야 해요.

- 많은 조문객이 임시 분향소를 찾았다.
  → 조문객 1만 3700여 명이 임시 분향소를 찾았다.

의미도 정확하게 전달해야 합니다. 그러려면 문장 호응을 살피고 적확한 단어를 골라야 합니다.

- 우리는 목표를 빨리 이루어지도록 노력해야 한다.
  → 우리는 목표가 빨리 이루어지도록 노력해야 한다.
  (또는) 우리는 목표를 빨리 이루도록 노력해야 한다.

또, 불필요한 어휘나 표현은 쓰지 않아야 합니다.

- 맞벌이 부부에게는 아이를 맡길 방과후 프로그램이 필요하다는 것을 알 수 있다.
  → 맞벌이 부부에게는 아이를 맡길 방과후 프로그램이 필요하다.

〈스트레이트 기사의 예〉

서울시가 세계 최대 규모의 환경운동 캠페인 '지구촌 전등 끄기Earth Hour' 행사에 참여한다. '지구촌 전등 끄기'는 매년 3월 마지막 주 토요일 저녁 8시 30분부터 60분 동안 전등을 끄고, 기후 변화의 심각성을 생각해보는 환경 캠페인이다. 지난 2007년 세계자연기금WWF의 주도로 호주 시드니에서 처음 시작했다.

스트레이트 기사 써보기

최근 있었던 학교 행사 중에 가장 기억에 남는 행사를 '육하원칙'에 맞춰 써보세요.

② 피처 기사 쓰기

피처 기사는 스트레이트 기사에서 다루지 못한 뉴스의 이면을 담은 기사입니다. 스트레이트 기사와 달리 기자의 주관적인 의견이나 느낌이 반영되기도 합니다. 스케치 기사와 인터뷰 기사 등이 피처 기사에 해당합니다. 피처 기사는 '스토리텔링'이 중요합니다. 스토리텔링은 이야기를 전달하는 걸 말하는데요. 독자에게 한 편의 이야기를 들려주듯이 기사를 씁니다. 사건이 일어난 현장의 모습(스케치)과 특정 인물의 이야기(인터뷰)를 이야기로 구성한다고 생각하면 이해하기 쉽습니다.

피처 기사는 특히 글의 소재를 찾는 게 중요합니다. 질문을 통해 기사로 쓸 만한 내용인지를 판단합니다. 판단 기준은 다음과 같습니다.

☑ 독특한 소재인가?

☑ 독자의 흥미를 끌 만한 소재인가?

☑ 감동을 줄 수 있는 내용인가?

☑ 사건이 박진감 넘치게 진행되는가?

☑ 사건 주인공의 이야기가 흥미로운가?

스트레이트 기사와 피처 기사를 비교해볼까요?

<스트레이트 기사>

경기 군포 화산초 3학년 신유빈 양이 제46회 문화체육관광부장관기 전국남여학생종별탁구대회 초등부 여자 단식에서 고학년을 제치고 최연소로 우승했다. 초등학교 3학년 학생이 고학년을 제치고 우승을 차지한 건 전국대회 최초다.

<피처 기사>

지난 8월 열린 제46회 문화체육관광부장관기 전국남여학생종별탁구대회. 초등학교 1학년부터 6학년까지, 학년 구분 없이 치러진 초등부 여자 단식에서 유례없는 기록이 나왔다. 초등 3학년 선수가 고학년을 제치고 전국대회 최초로 최연소 우승을 거머쥔 것이다. 다른 스포츠 종목에서도 찾아보기 어려운 대기록이다. 침체기를 겪고 있는 한국 탁구계는 실력과 스타성을 고루 갖춘 '탁구 신동'의 등장에 기쁨을 감추지 못했다. 신유빈(경기 군포 화산초 3학년) 양의 이야기다.

– 〈어린이조선일보〉 2013년 10월 21일자

③ 스케치 기사 쓰기

피처 기사의 하나인 스케치 기사는 사건 현장을 있는 그대로 묘사하는 게 특징입니다. '한 폭의 그림'을 그린다는 느낌으로 보이는 대로, 들리는 대로 기사에 반영해 보여주는 것^{Show}이 핵심이죠. 취재 현장에서 가장 극적인 장면 몇 가지를 선택해 기사에 반영합니다. 중구난방식으로 묘사하지 않도록 '선택과 집중'이 중요합니다.

> "스테플러 위를 살짝 눌러봐, 이렇게."
> "요렇게? 우와~ 어렵지 않네!"
> 지난 25일 오전 10시 30분, 서울 영등포구 문래동에 위치한 문래예술공장의 한 스튜디오. 뚝딱뚝딱, 쓱싹쓱싹…, 스튜디오 안은 톱질하는 소리, 자르고 붙이는 소리로 소란스러웠다. '어린이 실내디자인학교'의 둘째 날 수업 현장이다.
> 스튜디오 안에는 보통 어린이 키보다 서너 배는 큰 나무 구조물 네 개가 떡 하니 자리 잡고 있었다. 못 쓰는 현수막을 재활용해 만든 앞치마 차림의 어린이 40여 명은 신기한 놀이터에 온양 나무 구조물 사이를 이리저리 오가며 작업에 몰두했다. 못 쓰는 커튼, 페트병, 나뭇조각. 이들의 손을 거친 폐품들은 일제히 문어, 별, 계단, 의자 등 '디자인 작품'으로 다시 태어났다.
>
> ─ 〈어린이조선일보〉 2011년 2월 28일자

신문에서 다양한 인물이 등장하는 현장감 있는 사진 한 컷을 고르
세요. 사진 속 현장에 가 있다고 상상하고 스케치 기사를 써보는 거
예요. 사진 속 인물들의 표정, 행동 등을 설명하는 내용으로 첫 문
장을 써보세요.

④ 인터뷰 기사 쓰기

인터뷰 기사는 특정 인물의 이야기를 중심으로 풀어내는 기
사를 말합니다. 이슈의 주인공이나 어떤 사건의 중심에 있는
인물을 만나 궁금한 내용을 질문하고, 인물이 답한 내용을 바
탕으로 기사를 씁니다.

인터뷰 기사는 특히 사전 준비가 중요합니다. 인터뷰이(인터
뷰 대상자)가 말한 내용을 기반으로 기사를 써야 하기 때문이죠.
취재할 수 있는 시간도 한정돼 있어서 미리 인터뷰이에 대한
정보를 충분히 모아 공부한 다음 진행해야 흐름이 끊어지지 않
습니다. 특히 어떤 주제로 인터뷰를 진행할 것인지 미리 정하
는 게 좋은데요. 그래야 일관성 있게 질문할 수 있습니다. 질문
할 내용을 준비하는 과정도 중요합니다. 미리 공부한 인터뷰이
에 대한 정보를 바탕으로, 독자의 입장에서 궁금할 만한 내용

을 질문해야 합니다.

지난 6일 오후 4시 경기 화성시 공룡알화석산지 방문자센터. 세계 11개국에서 온 공룡 과학자들은 누구의 것인지 알 수 없는 거대한 뼈에 집중했다. 뼈의 주인공은 공룡 '데이노케이루스'. '무서운 손'이라는 뜻의 이 공룡은 지난 반세기 동안 그 정체가 베일에 가려져 있었다. 1965년 폴란드 과학자들이 몽골 고비사막에서 팔뼈를 발굴한 이후 단 한 번도 모습을 드러내지 않았기 때문이다. 이날 데이노케이루스의 온전한 화석을 처음 접하는 과학자들은 연방 카메라 셔터를 눌러대며 흥분을 가라앉히지 못했다.

과학계가 풀지 못한 미스터리로 남았던 데이노케이루스의 비밀을 밝혀낸 건 우리나라 공룡 박사 1호 이융남 한국지질자원연구원 지질박물관장이다. 그는 "7000만 년 전 지구에 살았던 공룡, 데이노케이루스의 온전한 화석을 처음 발굴했다"고 설명했다.

- 〈어린이조선일보〉 2013년 12월 11일자

✍️ 인터뷰 기사 써보기

1. 인터뷰하고 싶은 사람을 떠올려보세요. 인터뷰하고 싶은 이유는 무엇인가요?

2. 인터뷰를 위한 질문지를 작성해보세요.

3. 다음은 박기태 반크 단장과 인터뷰한 내용입니다. 이를 바탕으로 인터뷰 기사를 써보세요. 인터뷰이가 한 말 가운데 가장 인상 깊은 이야기를 첫 문장으로 잡아 보세요.

Q. 어린이를 위한 책 《재미있는 외교와 국제기구 이야기》를 펴냈는데요. 책을 내게 된 이유가 궁금합니다.

A. 흔히 외교라고 하면 어렵게 생각합니다. 어려운 시험을 여러 번 통화해야 하는, 나라에서 뽑는 외교관을 떠올리기 때문이에요. 하지만 꼭 외교관이 되지 않아도 우리나라를 전 세계에 알릴 방법이 있습니다. '민간 외교관'이지요. 특히 우리나라의 미래를 짊어질 어린이들이 민간 외교에 관심을 가졌으면 하는 마음에서 책을 썼습니다.

Q. 반크 단장으로 활동 중인데요. 반크가 무엇인가요?

A. 반크는 2002년 출범한 민간 사이버 외교사절단입니다. 우리나라 어린이, 청소년, 청년들과 힘을 모아 한국 홍보 활동을 진행하고 있어요. 처음에는 단원을 모집해 세계 여러 나

라 친구와 펜팔을 맺는 활동을 했어요. 이후로 왜곡된 한국 역사 바로 알리기, 동해 표기 오류 바로잡기, 한국 홍보 자료 배포 등 다양한 일을 하고 있습니다.

Q. 민간 외교관으로 활동하고 싶은 어린이가 할 수 있는 일에는 어떤 것이 있을까요?

A. 우선 외국에 나가거나 외국인 친구를 만날 때 우리나라에 대해 제대로 알려줘야 합니다. 동해는 동해다, 일본해가 아니다, 독도는 한국 땅이다, 같은 명백한 사실을 알려줘야 합니다. 반크에서 만든 홍보 자료를 활용하면 참고할 수 있습니다.

-〈어린이조선일보〉2014년 4월 30일자

부록

부모님도 함께,
문해력 공부

스마트폰 디톡스

우리의 일상을 들여다보면 아이들의 스마트폰 과몰입도 문제지만, 스마트폰 없이는 1분 1초도 견디지 못하는 어른들의 모습이 눈에 들어옵니다. 물론 저도 예외는 아닙니다. 전화를 걸거나 메시지를 보내거나 인터넷 검색을 하는 등 지금 당장 스마트폰을 켜지 않아도 되는데 괜히 스마트폰을 만지작거립니다.

스마트폰으로 SNS나 유튜브를 보다 보면 종종 머리가 뿌옇게 흐려지는 느낌을 받아요. 스마트폰에서 눈을 떼 현실 세계로 돌아오고 나서도 한동안 멍한 느낌이 이어져서 바로 다른 일에 집중하는 게 무척 어렵더라고요. 책이나 글을 읽을 때 특히 집중력이 흐트러졌습니다.

우리는 너무 많은 정보를 접하면서 살아요. 의도하든, 의도하지 않든 말이죠. 정보 과잉은 피로감을 줍니다. 정작 알아야 할 것들과 중요한 순간을 놓치게 되기도 하고요. 스마트폰으로 인해 더욱 자주 이런 상황에 놓이는 것 같아요.

몸에 쌓인 독소와 노폐물을 배출시키는 것을 '디톡스'라고 하는데요. 부모인 우리가 문해력을 키우기 위해 우선해야 할 것은 '스마트폰 디톡스'라고 생각했어요. 건강을 위해 음식을 가려먹고 몸을 정제하듯이 하루에 단 몇 분이라도 스마트폰을 내려놓고 신경 쓰지 않는 거예요. 스마트폰만 보지 않았을 뿐인데, 이상하게 마음이 고요해지더라고요. 이유 없이 분주했던 마음이 차분해지고 나니, 혼자 생각할 시간도 생겼고요. 요즘 사람들에게는 아무것도 하지 않는 상태, 멍하게 지내는 시간이 부족하잖아요. 잠깐이라도 아무것도 하지 않을 시간을 확보했으면 좋겠어요. 스마트폰을 내려놓고 몸과 마음, 그리고 뇌를 온전히 쉬게 해주세요.

외출할 때 책 한 권, 노트 한 권 챙기기

외출할 때면 가방에 책 한 권, 노트 한 권, 볼펜 한 자루를 챙깁니다. 아이와 외출할 때도 다르지 않아요. 대중교통으로 이동하거나 시간이 빌 때 책을 읽으려는 생각으로요. 사실, 생각에 그칠 때가 잦아요. 가방에 있던 책을 꺼내지 못하는 날이 더 많기도 하고요. 가끔은 가방이 너무 무거워서 괜히 들고 왔다, 후회하는 날도 있어요. 그래도 꾸역꾸역 챙겨 넣습니다. 읽지 않더라도 늘 읽을 준비가 돼 있어야 읽게 되더라고요.

아이가 학교에 들어가면 기다리는 시간이 생겨요. 체육관이나 학원에 데려다주고 끝나는 시간까지 집에 다녀오기는 애매한 그 시간이요. 주로 근처 카페에 가요. 주말에도 예외는 아님니다. 키즈카페만 가면 최소 한두 시간 뛰어노는 아이를 쫓아 다니는 건 체력이 허락하지 않더라고요. 아이와 적당히 놀고 나서, 자리에 앉아 책을 꺼냅니다. 시끄러워서 책에 집중이 안 될 것 같지만, 아이들의 뛰어노는 소리가 백색소음 역할을 해서 의외로(?) 책을 읽기가 괜찮았습니다. 책을 읽다가 인상 깊은 구절이 나오면, 노트를 꺼내 기록해요. 잘 기억하기 위해서요. 생각이나 느낌을 적어두기도 합니다. 짧은 기록들은 글을 쓸 때 글감으로 쓰이거든요. 열심히 뛰어놀던 아이가 잠깐 물을 마시러 와선 물어요. "엄마, 책 재미있어요?" 그러면 괜히 생색을 냅니다. '모델링 효과'를 기대하면서요. "응~, 재미있어."

틈날 때마다 읽을 책은 재미와 흥미, 관심사를 기준으로 고르세요. 끊어 읽어도 괜찮은 책으로요. 요즘 괜스레 마음이 힘들다면 위로의 메시지를 담은 에세이를, 아이를 어떻게 길러야 할지 고민이라면 자녀 교육서를, 흥미진진한 스토리에 빠지고 싶다면 소설을 추천합니다. 언제 어디서든 부담 없이 펼칠 수 있는 책, 나의 마음을 기록할 수 있는 노트, 그리고 볼펜을 갖고 다니는 것만으로도 읽을 기회를 만들 수 있어요.

나만의 시간, 나만의 아지트 확보하기

하루가 어떻게 지나갔는지 모를 만큼 바쁘게 지내다 보면, 충분히 생각하고 고민할 시간이 부족하다고 느껴요. 잠시 시간이 나도 온전히 쉬기보다는 미뤄뒀던 집안일이 눈에 거슬려서 일단 그것부터 해결하고 보자, 몸을 일으킵니다.

부모가 온전히 자신을 위해 쓰는 시간이 얼마나 될까요? 어른의 문해력 부족에는 생각할 시간이 충분하지 않은 점도 한몫하는 것 같아요. 걸을 때도 앞만 보고 걷느라 오늘 하늘이 어땠는지 올려다볼 여유조차 없는 게 우리의 현실이니까요. 차분하게 책을 읽고, 복잡한 머릿속을 정리하고, 하루를 돌아보고, 내일의 계획을 세울 시간이 필요합니다.

나만의 시간, 나만의 아지트를 확보해보세요. 그 시간, 그 공간에서만큼은 누구에게 방해받지 않고 오롯이 '나'에게 집중할 수 있게요. 나의 주변을 돌아보고 나의 마음을 살피는 겁니다. 저는 카페에 가요. 카페마다 분위기가 다르고 계절마다 주력 메뉴가 달라서 그때그때 기분에 따라 고르는 재미도 쏠쏠합니다. 커피를 좋아하기도 하지만, 카페 특유의 생기 넘치는 분위기가 좋아요. 그곳에서 좋아하는 커피를 홀짝이다가, 책을 읽다가, 멍하게 창밖을 내다보다가 다시 일상으로 돌아갑니다. 길지 않지만, 나를 위한 시간을 보냈다는 만족감을 안고요.

일기 쓰기

글은 왜 써야 할까요? 글쓰기는 사고 활동이에요. 글쓰기는 자기 생각을 정리하고 행동으로 실천할 수 있게 이끕니다. 일종의 자기 암시랄까요. 글쓰기는 힘이 있습니다. 우리의 무의식을 바꾸기도 하거든요. '과연 내가 할 수 있을까?' 주저하다가도 펜을 쥐고 '나는 할 수 있다.'라고 여러 번, 꾸준히, 꾹꾹 눌러쓰다 보면 '그래, 나는 할 수 있어!'라는 용기가 생기더군요. 스스로 할 수 있다고 확신하는 순간, 마음먹은 것을 실천하는 건 그리 어렵지 않았습니다.

왜 글을 쓴다고 하면 한숨부터 나오는 걸까요? 아마 다른 사람에게 보여줘야 한다는 부담이 크기 때문일 거예요. 내가 쓴 글을 누군가에게 보여주고 평가받는다고 생각하면 아이나 어른이나 쓰고 싶은 마음이 사라지는 건 어쩌면 당연할지도 몰라요. 하지만 보여주지 않아도 된다면요? 어떤 내용이든 다른 사람 눈치 볼 필요 없이 마음껏 쓸 수 있다면요? 이런 조건에 딱맞는 글이 바로 '일기'입니다. 아이들에게도 일기 쓰기가 필요하지만, 어른도 마찬가지예요.

매일 꾸준히 일기를 쓰던 적이 있어요. 돌이켜보면 마음이 무척 힘들 때였던 것 같아요. 가까운 사람에게 속마음을 털어놓고 싶지도 않을 만큼요. 이러다가 도저히 안 되겠다 싶어서 회사에 조금 일찍 출근해 일기를 썼어요. 조용한 사무실에서 아침마다 작은 노트 한 페이지 분량의 마음을 쏟아냈습니다. 지금 다시 읽어 보니, 주술이 맞지 않고 두서도 없어요. 맞춤법이나 띄어쓰기는 눈 뜨고 봐줄 수 없는 지경이었고요. 그렇게 한 달 정도 썼을까요? 온통 부정적이었던 내용이 조금씩 바뀌기 시작했어요. 나중에는 그래, 다시 해보자, 다짐하는 내용이 그 자리를 대신했죠.

일기는 나를 위한 글이에요. 자기검열도, 형식도, 맞춤법도, 그 어떤 것도 신경 쓰지 마세요. 가족이 잠든 후, 혼자 카페에서 시간을 보낼 때, 마음이 너무 힘들 때…, 몇 줄이라고 끄적여 보세요. 요즘은 감사 일기, 긍정 확언 일기 등도 많이 쓰더라고요. 나에게 맞는 걸로 골라서 시작해봤으면 좋겠어요.

비판적으로 읽기

우리는 하루에도 수십 개의 글을 읽어요. 온라인 커뮤니티, SNS, 인터넷 뉴스 등 종류도 다양해요. 그럴수록 가려 읽어야 합니다. 내용이 사실인지, 내용의 출처가 믿을 만한지, 글 속에 다른 의도가 숨겨져 있지는 않은지, 최신 정보인지 등을 따져보는 거예요. 보이는 대로, 있는 그대로 받아들여서는 안 됩니다.

부모가 되고 나서 자녀교육에 관한 '카더라 통신'에 혹하게 되는 순간이 있었어요. 누가 그러더라, 어디서 그런 말을 했다더라…. 부모가 처음이라 모르는 것투성이다 보니, 먼저 경험한 사람들의 이야기에 귀를 기울일 수밖에 없더군요. 갈대처럼 이리저리 흔들리다가 힘들어하는 아이를 보고 나서야 제정신이 들었어요. 여기저기서 접하는 수많은 정보를 비판적으로 읽고 선별해 받아들여야 한다는 교훈도 얻었고요.

의심의 눈초리로 글을 살피세요. 내용을 확인하고 가려 읽으세요. 출처 불명의 정확하지 않은 정보는 걸러야 합니다. 챗GPT도 그럴듯하게 거짓말을 꾸며내는 시대니까요.

***

"아, 이런 말이구나!"

궁금증을 해소한 시원함,
자기 추측이 맞았다는 뿌듯함,
드디어 알았다는 기쁨이 어려있던 표정….

문해력이 주는 기쁨

"아, 이런 말이구나!"
문해력의 기쁨

초판 1쇄 발행 2023년 12월 5일

지은이 김명교

기획편집 김소영
디자인 알레프 디자인

펴낸곳 언더라인
출판등록 제2022-000005호
메일 underline_books@naver.com
인스타그램 @underline_books

ISBN 979-11-982025-4-3 03590
ⓒ 김명교, 2023, Printed in Korea